全屋定制设计指南

北京骁毅空间文化发展有限公司 编

华中科技大学出版社
http://www.hustp.com
中国·武汉

图书在版编目（CIP）数据

全屋定制设计指南 / 北京骁毅空间文化发展有限公司
编. — 武汉：华中科技大学出版社，2019.9（2020.2 重印）
　ISBN 978-7-5680-5441-6

　I . ①全… II . ①北… III . ①住宅 - 室内装饰设计 -
指南　IV . ① TU241-62

中国版本图书馆 CIP 数据核字（2019）第 149262 号

全屋定制设计指南
Quanwu Dingzhi Sheji Zhinan

北京骁毅空间文化发展有限公司 编

出版发行：华中科技大学出版社（中国·武汉）　　　电话：(027) 81321913
出 版 人：阮海洪

责任编辑：康　晨
封面设计：骁毅文化

印　　刷：深圳市雅仕达印务有限公司
开　　本：889mm×1194mm　1/16
印　　张：17
字　　数：400 千字
版　　次：2020 年 2 月第 1 版第 2 次印刷
定　　价：298.00 元

华中出版

前 言

　　全屋定制是定制家具的迭代版本，是未来家居行业的发展方向，同时也代表了中国家具行业自主创新一次成功转型升级。全屋定制从经营理念、经营模式、制造技术、销售方式等很多层面和模式上，跳出了传统家具经营模式的套路，走出了一条属于自己的路。全屋定制行业一大批优秀企业的风起云涌，全方位地创新，使家居行业呈现出百花齐放的繁荣景象，这无疑是家居行业一次历史性的华丽转身。

　　毋庸置疑的是，全屋定制行业的立身之本依旧是优秀的设计产品，只有设计出符合客户独家需求的产品，才能帮助企业树立良好的声誉，从而在竞争中获得优势。但就目前的行业发展现状而言，全屋定制虽然发展势头良好，但还是有设计人员素养层次不齐的现象出现，因而急需一本入门型的书籍来系统地介绍全屋定制的现状和流程。

　　本书通过七个章节，按照全屋定制的流程，系统地帮助读者理顺全屋定制的逻辑，分别为：理解全屋定制、前期环节、设计环节、制造环节、物流环节、安装环节、验收及售后环节。集中介绍了全屋定制的现状和趋势，列举了前期环节中所需的准备工作，用图解的方式（CAD设计案例＋实景图案例分析）展示了众多全屋定制品类，并分析了制造安装中涉及的各项内容，还讲解了验收和售后环节的要求。读者通过阅读本书，便可掌握目前全屋定制的基础性知识和了解设计潮流的现状。

　　总而言之，本书作为一本基础性的指南书籍，围绕全屋定制的流程环节进行叙述，力图帮助读者勾勒全屋定制的轮廓，从中获取实用性的建议。

　　限于时间和作者水平，疏漏和不妥之处在所难免，恳请广大读者批评指正。

目录
CONTENTS

1

CHAPTER

第 1 章
理解全屋定制

全屋定制产品特点
全屋定制行业现状
全屋定制未来发展
全屋定制术语和标准

1.1 全屋定制现状与趋势

1.1.1 全屋定制概念

全屋定制是一种子家居设计及定制、安装等服务为一体的家具定制解决方案，是家具企业在大规模生产的基础上，根据消费者的设计要求与全屋空间、美学、功能特性，为客户提供包括上门测量、专业设计、定制、物流运输、上门安装、验收和维护等系列家具产品和服务，从而打造消费者的专属家居空间。

全屋定制根据主体立场的不同呈现出不同的特点。

全屋定制企业及其从业者	
减少库存积压	在传统营销模式下家具企业为了追求利润最大化，通过大规模生产来降低产品成本，一旦市场稍微遭遇不测，这种模式大规模生产的家具由于雷同必然导致滞销或积压，造成资源浪费。而全屋定制是根据消费者定单生产，几乎没有库存，加速了资金周转
降低营销成本	全屋定制只要家具质量可靠、价格合理，家具就可以顺利销售出去。在全屋定制中，厂家直接面对消费者，减少了中间的中介环节，部分厂家建立网店，降低了实体店铺的运营成本，从而减少了各种开支
有利于加速产品开发	在传统模式下，很多家具企业的设计只是根据简单的市场调查进行产品开发，设计出来的家具局限性很大，很难满足大众需求。而在全屋定制中，设计师有很多机会与消费者面对面沟通，很容易知道消费者的要求，进而能开发接近消费者需求的产品

家居业主	
统一的家居风格	全屋定制家具讲究的是整体性的设计，使得整个居家空间环境和谐统一
满足个性化需求	迎合业主的不同需求是全屋定制最鲜明、最重要的特征。全屋定制可以满足业主追求个性化的要求，针对不同需求量身打造合适的家具产品，更加人性化
空间利用率高	全屋定制家具可以适应不规则居室空间，避免空间浪费。如突出的梁柱、坡屋顶等异形空间无法使用标准家具，而全屋定制可以很好地解决这个问题
省时省力	选用全屋定制的方式可以减少对单个成品家具的无序化选购，而且售后可以只找一家，避免不必要的麻烦，提高效率

1.1.2 全屋定制现状

人们家居生活观念的变化、经济水平的提升大幅度带动了全屋定制家具行业的快速发展，整个行业都处在野蛮生长的状态，但若要保证健康、可持续的良性发展，还需要企业自身不断提高自主创新能力，加强企业竞争力。

1. 发展历程

全屋定制家具的是指机械化生产的针对全屋空间的现代定制家具，而非小作坊手工定制家具。我国的全屋定制家具发展首先是从定制家具开始的。

2000 年左右，最初主要是移动门以及少量的壁柜进入中国，开了定制家具在中国家居市场的先河，随着移动门的不断推广和普及，也带动了入墙衣柜及衣帽间在国内的消费热潮。经过几年时间的沉淀，维意、索菲亚、尚品宅配、玛格等品牌也加入定制家具的行列，该行业日渐成型。

2004 年家装行业内出现了整体家居（也称集成家居）的概念，不过当时整个行业比较混乱，没有固定的业态。定制家具的称谓十分不规范，有整体衣柜、入墙衣柜、定制衣柜、步入式衣帽间、壁柜的等。

2008 年至今，随着行业及品牌的不断成熟，全屋定制家具行业产品体系及管理也越来越规范，行业之间的竞争越来越激烈，品牌意识开始凸显。消费者对全屋定制家具行业的接受程度日益提高，行业的"领头羊"开始出现，品牌差距也逐渐拉大。

全屋定制家具的发展到现在虽然只有数年的时间，但走势强劲，销量年年翻新。有数据显示，未来几年，我国全屋定制家具将有更大的、令人惊叹的市场空间。

2. 发展现状

（1）正处在发展快车道上

采用全屋定制被视为家具发展的一大趋势，因而整体积极向上。随着资本和技术的快速涌入，全屋定制行业发展的速度不断加快，竞争也在逐步加大，一举一动都吸引着人们的眼球。

（2）跨行企业增多，品牌混杂

由于全屋定制成为行业的风口，相关行业大多跨界经营全屋定制，地板、瓷砖、卫浴等厂家纷纷成立事业部、成立分公司跟进全屋定制。但在基础建设环节，还缺乏一定的专业认知，市场、资本、技术也不够成熟，造成了现在全屋定制行业的发展良莠不齐、分层化严重的态势。因而，全屋定制的发展能否成功，还要看后期的战略规划和管理能力。

（3）产品同质化严重

除了真正拥有定制基因的企业以外，大部分家居企业都是从 2016 年开始强行飞向全屋定制风口。它们缺乏内生的创新力，无法找到自己的个性化发展方向、难以从纷乱的市场中突围，不得不为缺乏创意买单，走上了盲目跟风的全屋定制化道路，将家具的全屋定制、集成定制、整装定制等几种概念用环保、多风格与独特材质等元素进行包装，老酒换新瓶，从而落入同质化的怪圈。

1.1.3 全屋定制的发展趋势

全屋定制的发展风潮涌起，这必然会对行业有新的要求和期待。因而行业必须完善自身，提高产品品质，加快智能化发展，大力创新创造。

1. 加快新品的推出的速度和规模

只有让消费者有更多优秀的、新潮的、高品质的参考样本，才能实现让消费者拥有更多的选择空间这一目标，以进一步最大程度地满足消费者的生理和心理需求。因而，全屋定制企业应该学习时装界的快时尚模式，注重快速推出新产品，并将设计、制造、安装尽量控制在较短的周期内，从而满足客户需求。

2. 进一步深化"互联网＋"模式

在"互联网＋"背景下，各个行业都在探究如何借助互联网技术提高传统企业竞争力。因此，在全屋定制家具行业发展问题上，应重视互联网和传统设计制造行业的融合。目前，全屋定制行业采用电商化的经营模式，注重 C2M 生态平台，从新角度出发借助"互联网＋"的思维实现产业转型升级。这不仅依赖于先进的生产技术和互联网技术，更需要企业商业模式的创新，从真正意义上实现企业商业模式的创新，才能打造企业独特并持久的竞争力。

互联网的可塑性形成了全屋定制行业商业模式创新的多样性，不同类型的创新不是简单的单一要素或相互作用的改变，而是整体的动态演化，并将推动整个商业模式的改变。因此，只有在理论上明确商业模式创新类型，企业才能依据自身能力和所处环境确定未来创新方向。

3. 更加智能的家具与制造成为潮流

智能化家具也可以引申为通过物联网科技，通过人、物、机器的即时连接和高效管理，来实现人对物的远程控制，来记录关于人体以及物活动的信息，并通过对信息的挖掘、加工、分析、整理进行定制化推荐，进行人和企业合理的全过程智能化管理。

利用这项技术，在家具的设计环节，可以增加相应的智能化模块，从而提供一些服务；在家具的制造生产环节，则可以将这项技术引入生产的全过程，借此实现单品的全过程智能化管理。

4. 环保成为更加鲜明的导向

2016 年 1 月，《全屋定制家居产品》行业标准正式实施；4 月，国家发展改革委、商务部会同有关部门汇总审查形成《市场准入负面清单草案（试点版）》，禁止使用溶剂型涂料；10 月"深圳标准"（家具类）之深圳经济特区技术规范《家具成品及原辅材料中有害物质限量》颁布……2017 年，"环保整治"与"环保战略升级"成了家居业环保议题的两大关键词，从这里也可以明确感受到环保成了各大定制家居企业最重视的事情，环保的家具也是全屋定制行业健康、保质保量、可持续发展的重要基石。

5. 加快部署全产业链运作机制

大多数企业在建设信息化系统时没有考虑到整合各个品类的体系，选择了"各自为战"的方法。但如果企业不在前期的后端供应链管理和生产系统上下功夫，先将产品的共同之处找出来，从而搭建出一整套互相连通的计算机系统的话，往往会导致后端生产效率低、运营成本高的后果。这一点如果能够提前规避掉的话，将有机会显著提高企业的生产和管理效率。

1.2 全屋定制术语及标准

1.2.1 全屋定制术语

术语是全屋定制的基础知识，也是不同工种之间沟通的专业化的中介，对全屋定制效率的整体提升经营是不可少的。

1. 家具品种术语

（1）大衣柜

柜内挂衣空间高度不小于1400mm，深度不小于530mm，用于挂大衣或者存放衣物的柜子。

（2）小衣柜

柜内挂衣空间高度不小于900mm，深度不小于530mm，外形总高不大于1200mm，用于挂短衣或叠放衣物的柜子。

（3）床头柜、床边柜

紧靠床头两侧布置，用于存放零散物品且高度一般不大于700mm的柜子。

（4）厅柜

由一个单体或多个不同功能组合而成的具有贮藏、展示、陈设和装饰等功能的柜架类家具。

（5）酒柜

专门用来存储和展示酒、酒杯等物品的柜子。

（6）箱柜

一种矮型、常为长方形并带有盖子的用于容纳物件和供人坐的柜子。

（7）面盆柜

置于浴室、卫生间内，承托台盆并可以放置洗涤用品或梳妆用品的柜子。

（8）双层床

在高度方向上有上下两层铺面的床，或下层为集衣柜、书架、写字－电脑桌等功能于一体的桌子。

（9）榻榻米

榻榻米是一种用蔺草编织而成的，一年四季都铺在地上供人坐、卧的家具。

2. 家具零部件术语

（1）杆件
而长度为其断面尺寸的许多倍的长形、柱杆状构件，是家具中最简单的构件，其长度上可为直线形或曲线形，断面可为方形、圆形、椭圆形、不规则形、变断面形等。

（2）板件
宽度尺寸为厚度尺寸的两倍及以上，长度为其断面尺寸许多倍的板状构件。

（3）素面板
由未经饰（贴）面处理的木质人造板基材直接裁切而成的板式构件。

（4）饰面板
由贴面材料和芯层材料胶压制成所需幅面尺寸的板式构件，主要有实心板和空心板两种。

（5）框嵌板
采用裁口或槽口方法将各种成型的薄板材、拼板或玻璃、镜子装嵌于木框内所构成的板式构件。

（6）木框架
由四根及以上的方材按一定的接合方式纵横围合而成，可有一至多根中档（撑档）或没有中档，常见的主要有门框、窗框、镜框、框架及脚架等。

（7）旁板
箱体或者柜体两侧的垂直板件。

（8）隔板
箱体或者柜体内部分割空间的水平板件，用于分层陈放物品。

（9）顶板
箱体或者柜体顶部连接旁板，且高于视平线（大于1500mm）的水平板件。

（10）底板
封闭箱体或者柜体底部的水平板件。

（11）见光面
见光面一般是指橱柜柜体最两边的两块板，也叫侧封板。一般情况下，这两块面板是最外面两个箱体的箱体板，但是由于橱柜门板的材料和颜色有别于箱体板，有的会为了保证美观和统一，将见光面的板材换成门板材料。

（12）背板
封闭箱体或者柜体背面的板件，兼加固柜体的作用。

（13）柜门

柜体中具有启闭功能的活动部件，也是柜体立面形态的重要组成部分和主要围护栏件。

（14）移门、推拉门

沿滑道横向移动而开闭的门。

（15）折叠门

沿轨道移动并折叠于柜体一边的折叠状移门。

（16）抽屉、抽斗

在家具中可以灵活抽出或者推入的盛放物品的匣形部件。

（17）挂衣棍杆

柜内用于悬挂衣物的杆状零件。目前市面上还有人体感应灯挂衣杆，能提供更好的使用体验。

（18）铰链

家具中能使柜门、翻门（翻板）实现开启和关闭，或能使零部件之间实现折叠的活动连接件，可分为暗铰链、明铰链、门头铰、玻璃门铰。

（19）抽屉滑轨

主要用于使抽屉（含键盘隔板等）推拉灵活方便，不产生歪斜或倾翻的导向支承件，按安装位置可分为托底式、侧板式、槽口式、搁板式等，按拉伸形式可分为两节轨和三节轨，先进的抽屉滑轨具有轻柔的缓冲（阻尼）技术和自动关闭技术等。

（20）拉手

安装于家具的柜门或抽屉面板上，使其能启、闭、移、拉等，并具有装饰作用的配件。

（21）气撑

气撑也叫气弹簧、支撑杆，是一种起支撑、缓冲、制动以及调节角度等作用的五金配件，其使用时较为省力，能够多点制动。

（22）拉篮

拉篮能够为碗碟等器皿提供储藏空间，有效地利用了空间。通常来说，不锈钢是拉篮的较优材质。

（23）非标柜

厂家在生产柜体时有标准的尺寸，若在定制时所需要的尺寸和标准尺寸差异较大，则需要非标柜，因此会产生额外的费用。

3. 家具材料术语

（1）实木锯材

由原木经纵向、横向锯解后所得到的各种规格的板材或者方材。

（2）实木拼板

由实木锯材通过二次加工形成的实木类材料，常由数块实木板条（窄板、短板）通过一定拼接方法拼合而成的板材，主要有指接材、集成材等。

（3）人造板

以木材或木材植物为主要原料，加工成各种材料单元，施加（或不施加）胶黏剂和其他添加剂，组合成的板材或成型制品，主要包括胶合板、刨花板、纤维板及其表面装饰板等产品。

（4）胶合板

由单板构成的多层材料，通常按相邻层单板的纹理方向大致垂直于组坯胶合成板材。分类有普通胶合板、特种胶合板、多层胶合板、异型胶合板。

（5）刨花板

将木材或非木材植物原料加工成刨花（或碎料），施加胶黏剂（和其他添加剂），组坯成型并经热压制成的一种人造板材。有单层刨花板、三层刨花板、渐变刨花板、定向刨花板、空心刨花板、功能刨花板。

（6）纤维板

也称密度板，是将木材或其他植物纤维原料分离成纤维，利用纤维之间的交织及其自身固有的黏结物质，或者施加胶黏剂，在加热和（或）加压条件下，制成的厚度 1.5mm 或以上的板材。根据生产工艺不同，一般分为湿法纤维板（以水为成型介质）和干法纤维板（以空气为成型介质）两大类。

（7）细木工板

由木条或木块组成板芯，板芯的两面与单板或胶合板组坯胶合成的一种人造板。

（8）空心板

由薄且强度高的覆面材料（如胶合板、薄型纤维板、树脂浸渍纸高压层压装饰板等）与密度低的芯层材料（如格状、网状、波状、蜂窝状等结构）胶合成的空心复合结构板材。

（9）重组装饰材

以普通树种木材的单板为主要原材料，采用单板调色、层积、模压胶合成型等技术制造而成的一种新型木质装饰板方材，具有天然珍贵树种木材的质感、花纹、颜色等特性或其他艺术图案。

（10）木线条

指选用质硬、耐磨、耐腐蚀、不劈裂、切面光滑、加工性质良好、显色度好、黏结性好、握钉力强的木材，经过干燥处理后，用机械加工或手工加工而成的用于装饰或封边的结构件。

4. 工艺操作术语

（1）加工余量

将毛料加工成形状、尺寸和表面质量等符合设计要求的零件时，所切去的一部分材料的尺寸大小，即毛料尺寸与零部件尺寸之差。

（2）嵌补

用腻子将木材表面上的虫眼、钉孔、裂缝、榫缝以及逆纹切削形成的凹坑和树节旁的局部凹凸不平等孔缝或缺陷填补平整的操作。

（3）砂光

采用砂纸、砂带等对木材表面进行砂磨，去除表面粗糙不平，使表面平整光洁的过程。

（4）抛光打蜡

用抛光材料（砂蜡）擦磨漆膜表面，进一步消除经磨光后留下的表面细微不平，提高漆膜表面光洁度，至光亮如镜。

（5）刮涂

用各种刮刀将腻子、填孔着色剂、填平漆等嵌补于工件表面的各种孔洞和缝隙中，或将工件表面的管孔和不平处金面刮涂填平饰的底层填平。

（6）喷涂

利用压缩空气及喷枪使液体涂料雾化并喷射到工件表面上形成涂层的方法。

（7）模压

在一定温度、压力、木材含水率等条件下，用金属成型模具对木材等材料表面进行热压制造出具有浮雕效果的零部件的加工方法。

（8）清油

先清除饰面板上的污渍，然后进行涂刷底漆、用腻子修补钉眼、打磨、清除粉尘的操作，之后喷刷油漆。

（9）混油

在木制板材上用水性腻子批、修补钉眼、打磨平整、清除粉尘，接着刷混水漆。如果是密度板，腻子应该使用原子灰批。

1.2.2 全屋定制标准

全屋定制产业发展迅速，市场份额和影响力不容忽视。但是，在快速发展的同时也面临着许多问题，所以制定标准能够在一定程度上起到规范作用，有助于形成规范的全屋定制市场。

1. 尺寸偏差与形位公差

家具尺寸偏差与形位公差要求标准

（单位：mm）

序号	检验项目	要求			
1	产品外形尺寸	产品外形宽、深、高尺寸的极限偏差为 ±5mm，配套或组合产品的极限偏差应同取正值或负值			
2	翘曲度	面板、正视面板件对角线长度	>1400	≤ 3.0	
			（700，1400）	≤ 2.0	
			< 700	≤ 1.0	
3	桌面水平偏差	折叠桌面≤ 0.7%			
4	平整度	面板、正视面板件：≤ 0.2			
5	邻边垂直度	面板、框架	对角线长度	≥ 1000	非折叠型对角线长度差≤ 3
					折叠型对角线长度差≤ 6
				<1000	非折叠型对角线长度差≤ 2
					折叠型对角线长度差≤ 4
			对边长度	≥ 1000	非折叠型对边长度差≤ 3
					折叠型对边长度差≤ 6
				<1000	非折叠型对边长度差≤ 2
					折叠型对边长度差≤ 4
6	位差度	门与框架、门与门相邻表面、抽屉与框架、抽屉与抽屉相邻两表面的距离偏差（非设计要求的距离）≤ 2.0			
7	分缝	非设计要求时，板式家具的分缝≤ 2.0，实木家具的分缝≤ 3.0			
8	底脚平稳性	≤ 2.0			
9	抽屉下垂度	≤ 20			
10	抽屉摆动度	≤ 15			

2. 外观

木制件外观要求标准

序号	项目	要求
1	贯通裂缝	应无具有贯通裂缝的木材
2	腐朽材	外表应无腐朽材，内表面轻微腐朽面积不应超过零部件面积的20%
3	树脂囊	外表和存放物品部位用材应无树脂囊
4	节子	外表节子宽度不应超过板材宽的1/3，直径不超过12mm（特殊设计要求除外）
5	死节、孔洞、夹皮和树脂道、树胶道	应进行修补加工（最大单个长度或直径小于5mm的缺陷不计），外表缺陷不超过4个，内表缺陷不超过6个
6	其他轻微材质缺陷	如裂缝（贯通裂缝除外）、钝棱等，应进行修补加工

人造板外观要求标准

序号	项目	要求
1	干花、湿花	外表应无干花、湿花
		内表干花、湿花面积不超过板面的5%
2	污斑	同一板面外表，允许1处，面积在3mm²～30mm²内
3	表面划痕	外表应无明显划痕
4	表面压痕	外表应无明显压痕
5	鼓泡、龟裂、分层	外表应无鼓泡、龟裂、分层

五金件外观要求标准

序号	项目	要求
1	焊接件	焊接部位应牢固，无脱焊、虚焊、焊穿、错位。焊接应均匀，焊疱高低差不大于1mm，无毛刺、锐棱、飞溅、裂纹、夹渣、气孔、焊瘤、焊丝头、咬边等缺陷
2	冲压件	无脱层、裂缝
3	铆接件	铆接应牢固，无漏铆、脱铆。铆钉应端正圆滑，无明显锤印
4	电镀件	镀层表面应无锈蚀、毛刺、露底。镀层表面应平整，应无起泡、泛黄、花斑、烧焦、裂纹、划痕和磕碰伤等缺陷。涂层应无漏喷、锈蚀
5	喷涂件	涂层应无漏喷、锈蚀，应光滑均匀、色泽一致，应无流挂、疙瘩、皱皮、飞漆等缺陷

2

CHAPTER

第 2 章
前期环节

2.1 导购方式

导购是指引导客户对产品进行购买的销售人员。目前，随着科技的发展，导购的方式也出现了新的变化，很大程度上激励了全屋定制行业的发展。

2.1.1 传统方式

传统导购是指店员对消费者直接面对面进行宣传介绍，以便更好地服务消费者，辅助消费者做出决定。店员负责介绍的内容主要有家具的形式、功能、品质、材料、构造等。店员需要具备一定的家具设计与制作的专业知识。

2.1.2 线上导购

线上导购是指消费者不直接与销售人员见面，而是通过互联网沟通，从而对品牌、质量、流程等一系列问题进行初步的了解。

2.1.3 VR 导购

消费者只需戴上 VR 眼镜就可以体验"还原真实"的家居场景，观看定制家具的设计效果。通过真实地感受设计中的家具样式与空间的搭配效果，来判断产品是否与心中所想吻合，或者进行相应的调整，做出决定。VR 技术还能调换到儿童视角，让消费者站在儿童的角度为自己的子女挑选更安全、环保、合适的家具。

2.2 人员素养

在全屋定制行业，涉及的主要人员是销售人员和设计人员。因为其具体工作内容的不同，因而岗位对其所要求的素养也有所差别。

2.2.1 销售人员素养

销售人员作为终端销售的服务者，其一言一行都关系着销售的业绩，当然也代表着企业的形象，这两方面对销售人员的素养有一定的要求。

1. 销售人员的职业内容

（1）客户进店接待

客户进店时要求有礼貌地迎接，亲切地询问客户有何种需要，主动帮助客户了解全屋定制的相关内容，最大程度上争取客户购物。

（2）登记资料、实施营销

销售人员需要对进店客户、网上咨询客户以及其他渠道的客户进行意向分类，并对所挖掘到的意向客户信息进行分类、整理、归纳，然后再确定合适的手段进行一一对应的营销。

（3）方案跟进、及时沟通

成交后，要将客户信息录入电脑，并设置提示，在不同的阶段进行不同方案的跟进与整理，及时与设计师和客户沟通进度。

（4）出货联系、售后服务

及时联系仓库和客户，沟通上门安装时间。在售后服务人员接到维修等售后问题来电、来函时，应详细记录客户姓名、联系电话、地址、商品型号、问题等信息，并尽量问清存在的问题和故障现象，将这些信息登记在《售后问题登记表》上。

初步评估问题和故障所在，并根据工作安排专人与客户进行电话联系，确定上门处理和维修事宜。

（5）客户关系维护

定期回访客户，询问家具的现状。可在客户生日、节假日、酬宾日对原有的客户关系进行定期维护，收集相关信息。

2. 销售人员职业修养

（1）高度的责任心

销售人员经常处于自我管理的状态中，不受面对面的直接控制，必须能自己管理自己，要具备对市场、对客户、对本企业的高度的责任心。

（2）丰富的专业素养

专业知识素养是一个人学习的结果，每个人的知识素养取决于教育、培训的经历和自我学习的积累。现代全屋定制家具销售人员所应具备的知识有：营销理论知识、品专业知识、商务理论知识、文字处理能力、自动化办公能力、良好的口语的表达能力。

（3）对企业的忠诚度

销售员对企业的忠诚度，具体表现：对企业不利的话不说，有损企业形象的事不做；保守企业的各类机密。这两条是对销售人员的基本要求，是销售员在外工作时的基本职责。

2.2.2　设计人员素养

在全屋定制领域，客户对于产品都有自己的个性化诉求，如风格、质量、样式等。针对这些，全屋定制企业需要加强设计师的素养，从而更好地满足客户需求。

1. 知识技能要求

（1）设计构思能力

设计构思不仅要综合各种设计知识，还要有独创性的设计思维。设计构思的独创性是指在设计作品生成过程中，设计师充分发挥心智条件，打破惯有的思维模式，赋予家具新的思维品格。需要有流畅力、变通力、超常力、洞察力等智力因素，要思路畅通，想象力丰富，能提出多种方案解决，能够使思维变化多端，要有由此及彼触类旁通、弹性解决设计的诸多问题的变通力。

全屋定制设计相对来说是一项综合的设计工程，它融合了家具设计、建筑美学、环境设计、工业设计等多学科的知识于一体，这就要求设计师在构思的过程中，综合各种设计知识。景观设计就是一个设计知识技能综合的大舞台，只有能把多种设计知识和技能有效地融合起来的设计师，才能更好地完成设计任务。

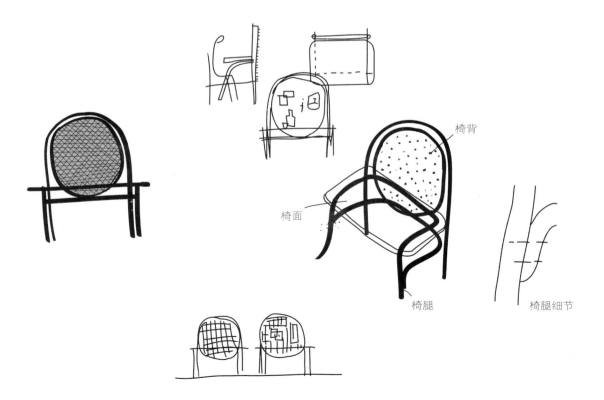

（2）设计表现能力

设计表现是设计师表达设计构思、从主观设计意向到视觉客观形态的必然过程，设计表现能力是设计师应具备的最基本的能力，熟练的设计表现能促进形象思维的积极运转，开拓想象空间，对设计的深度、广度和完善起到非常重要的作用。首先，设计师要具备手绘构思草图的能力。大量的设计构思都是通过绘制草图来实现的，设计师的手绘草图能力取决于造型知识和技能的学习与训练。如速写、素描、色彩、设计构成、摄影、效果图绘制等。其次，设计师要具备计算机辅助设计表现能力。计算机

辅助设计已成为设计行业必不可少的设计手段。设计师要懂得使用电脑绘制各种设计图来表达自己的设计构思。

（3）现场实践能力

解决设计到施工诸多问题的能力是设计师必须具备的。设计是一项严谨的工作，它不同于一般艺术，艺术家可以发挥自己的想象力，天马行空。全屋定制设计不是这样的。设计属于实用艺术，不仅是服务于人的艺术，而且是一门严谨的技术。它涉及空间、尺度、美感、材料、水电等一系列问题。这些问题都要求设计师到现场实地考察并解决，有了这些实践经验，在设计中自然会考虑设计方案的可行性。

2. 综合素质要求

（1）了解和遵守行业规章制度

设计师要了解本行业政策法规。设计作品受国家法律法规的保护与制约，这要求设计师既要维护自己的权益，也不能侵害他人的和社会的利益。

（2）良好的沟通表达能力

从设计到施工再到设计服务，都要与社会的其他人员进行协调沟通。设计师要能够使用书面语言和文字语言将自己的设计传播给设计委托方、客户及设计受益者。比如处理各种公共关系的能力，设计调查，设计竞争，设计合同的签订，设计方案的实施与完成。设计师要与设计委托方、实施方、消费者进行合作，并进行协调，其社会实践技能的高低直接影响设计方案的成败。

（3）学习研究能力

成功的设计作品依赖于设计师的知识技能水平，而知识技能的获得取决于设计师不断地学习，要有边学边用的能力，还要将零散的处理实际问题的方法和经验汇聚成系统的理论知识。

2.3 上门测量

上门测量是由专业的全屋定制设计人员经过和客户沟通，然后进入房屋进行相应的尺寸的量取和记录，并和客户对于家具的情况进行初步探讨，敲定方案后，再进行精确的二次测量的步骤。

一般测量的内容有全屋定制家具墙面的长、宽、高、角度，门窗的尺寸和位置，家具摆放的位置尺寸等。

2.3.1 测量流程

01 绘制草图
1. 在绘图纸上绘制所测量房间房间的草图，包括透视图、平面图、立面图。

02 初测长宽高
1. 了解住宅的楼梯、电梯、门洞、走廊情况，以便运输家具。
2. 全方位测量房屋的整体和细部结构，如层高、墙体角度。
3. 测量顶棚、窗、梁柱等的高度、角度等。

03 测量水电、设施位置
测量开关、插座、给排水管道、电表箱、烟道、煤气管道的位置、尺寸、离地高度等相关数据，测量各种电器、设施及五金配件的尺寸。

04 拍照
用数码相机真实记录整个测量的情况。

05 复测
1. 尺寸需精确到毫米级，角度需精确到分级。
2. 确定房间净高及墙体、梁、柱的尺寸和角度。
3. 核查管线、开关、配电箱的位置。
4. 确认是否有石膏线或顶棚造型。
5. 确认基材和踢脚线的高度、厚度、材质以及是否贴壁纸。
6. 确认中央空调位置。
7. 衣柜是在铺地板之前还是之后安装（询问地板规格）。

2.3.2　测量工具

名称	例图	作用
卷尺		用来测量尺寸、层高等数据
直角角尺		测量面和基准面相互垂直，用来检验墙体直角、垂直度和平行度误差
绘图纸		图纸用于画出户型、家具概况示意等
绘图板		绘图板是配合图纸使用的有力工具，主要是配合测量绘图使用
红、黑签字笔		红、黑色签字笔主要用于测量完成后在图纸上画图，并在重要部分用不同颜色备注以便区别
红外线测距仪		红外测距仪是采用调制的红外光进行精密测距的仪器，测程一般为 1~5km
水平尺		测量客户家地面，墙面是否水平、垂直的工具
相机		在测量完成后需要对客户家进行拍照，一是方便记忆，方便事后进行方案设计，二是记录现场实景

2.3.3　测量方式

全屋定制最常用的测量方式有三种，分别是六点测量法、三边测量法、辅助测量法。

1. 六点测量法

1）沿墙距离地面 100~150mm，量取 W_1。

2）沿墙距离地面 750~1000mm，量取 W_2。

3）沿墙距离地面 1550~2200mm，量取 W_3。

4）离开墙面 600~650mm，在距离地面 100~150mm，量取 W_4。

5）离开墙面 600~650mm，在距离地面 750~100mm，量取 W_5。

6）离开墙面 600~650mm，在距离地面 1550~2200mm，量取 W_6。

2. 三边测量法

三边测量法实则是通过勾股定理来判断墙体是否垂直。

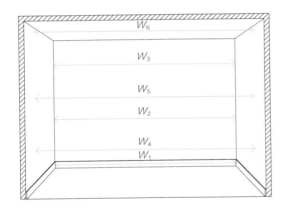

▲ 六点测量法

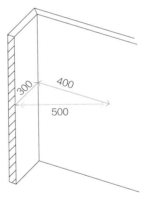

▲ 三边测量法

3. 辅助测量法

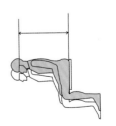

借助三角板或者现场找到的未切过的瓷砖，靠向一面墙体，用尺量出与另一面墙的缝隙，用比例尺得出墙的倾斜角度。

2.3.4　测量注意事项

测量是定制家具的一个关键环节，保证正确性、精确性是其标准。但在实际操作时，总会受到各方面的因素影响。因而在测量时需要格外注意。

1. 测量

1）选择同一基准面，减小误差。

2）复核尺寸，保证尺寸封闭。保证 $W_2+W_3+W_4=W_1$，一般误差不超过 10mm，且 W_1 为测量尺寸。

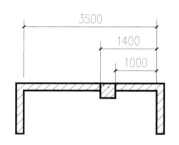 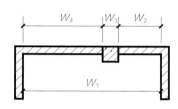

3）地面是否凿平，如果没有，那么就必须要等到凿平后进行第二次测量。

4）墙面是否处理，如果没有处理，问清后期墙面将如何处理，是否有大的改动。

5）如果家具有一侧紧靠门套位置，那么需要减除门套宽度。一般门套宽度为 60mm，厚度为 20mm。

6）墙顶的细节，主要是吊顶及石膏线的问题。如果需要吊顶，要和装修公司确认吊顶高度，一般为 300mm 左右；如果是做石膏线，一般将尺寸设定为 110mm。

7）如果定制家具摆放在窗帘位置，需要考虑使用窗帘的空间距离，一般为 150mm。

2. 读尺

1）水平位置测量对要保证卷尺拉紧，两端保持一致，可以一端固定，另一端上下移动一下，读取最小尺寸即可；垂直位置测量同水平位置测量，最好移动一下，读取最短尺寸。

2）测量数据要读两遍，以确保读得准确、记得准确。

3. 测量尺寸调整

在初测时，数据是较为笼统的。在初步设计时，可以将测量尺寸按照下面的公式进行初步调整，从而得到一个比较接近复测数据的尺寸。

1）设计尺寸 = 测量尺寸 − 余留尺寸

2）柜身设计尺寸 = 实际测量尺寸 −10~15mm

3）台面尺寸 = 实际测量尺寸 −5~10mm

3

CHAPTER

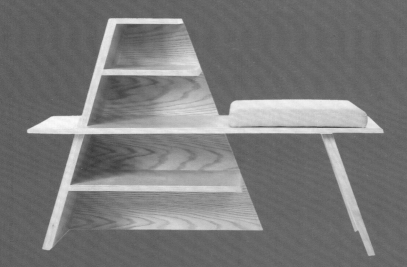

第 3 章
设计环节

入户定制产品：玄关柜
客厅定制产品：电视柜
            装饰柜架
餐厅定制产品：酒柜
            餐边柜
卧室定制产品：衣柜
            衣帽间
            床 + 床头柜
            梳妆台
书房定制产品：书柜 + 书桌
            榻榻米
厨房定制产品：整体橱柜

3.1 全屋定制设计原理

全屋定制家具的设计不仅是简单的用具设计，还是对生活方式的一种重构。因而一旦空间确定，家具就是主要的设计对象，它们承担着空间的划分、风格、意义，对人的生理和心理影响巨大。

3.1.1 尺度原则

确定一件家具尺寸为多少才适合人们使用，首先应该了解人体的尺寸以及在使用家具时的基本活动尺度，如拿取、通行、躺卧等，这是家具设计的最基本依据。

1. 人体构造尺寸与家具尺寸

人体构造尺寸主要是指人的静态尺寸，它包括头、躯干、四肢等构造在标准状态下测量获得的尺寸。这些尺寸能够科学地确定家具的相关尺度范围。

我国成年人的人体尺寸

（单位：mm）

项目		性别	5 百分位	50 百分位	95 百分位	家具数据应用
身高		男	1583	1678	1775	限定头顶上空悬挂家具的高度
		女	1483	1570	1659	
眼高		男	1464	1564	1667	确定陈列、屏幕的参考
		女	1356	1450	1548	
肩高		男	1330	1406	1483	限定人们行走时肩部可能触及搁板的高度
		女	1213	1302	1383	

项目	例图	性别	5 百分位	50 百分位	95 百分位	家具数据应用
肘高		男	973	1043	1115	确定站立工作时的台面高度
		女	908	967	1026	
胫骨点高		男	392	435	479	
		女	357	398	439	
肩宽		男	385	409	409	确定家具排列时最小通道宽度、椅背宽度和环绕桌子的座椅间距
		女	342	388	388	
立姿臀宽		男	313	340	372	
		女	314	343	380	
立姿胸厚		男	199	230	265	限定储藏柜及台前最小使用空间水平尺寸
		女	183	213	251	
立姿腹厚		男	175	224	290	
		女	165	217	285	
立姿上举手臂时中指指尖高		男	1970	2120	2270	限定上部柜门、抽屉拉手高度
		女	1840	1970	2100	
坐高		男	858	908	958	限定座椅上空障碍物的最小高度
		女	809	855	901	

续表

项目	例图	性别	5 百分位	50 百分位	95 百分位	家具数据应用
坐姿眼高		男	737	793	846	确定陈列、屏幕的参考
		女	686	740	791	
坐姿肘高		男	228	263	298	确定座椅扶手最小高度和桌面高度
		女	215	251	284	
坐姿膝高		男	467	508	549	限定桌面底部至地面的最小垂距
		女	456	485	514	
坐姿大腿厚		男	112	130	151	限定座椅面至台面底的最小垂距
		女	113	130	151	
小腿加足高		男	383	413	448	确定座椅面高度
		女	342	382	423	
坐深		男	421	457	494	确定座椅面深度
		女	401	433	469	
坐姿两肘间宽		男	371	422	498	确定座椅扶手水平间距
		女	348	404	478	
坐姿臀宽		男	295	321	355	确定座椅面最小宽度
		女	310	344	382	

2. 人体功能尺寸与家具尺寸

人体功能尺寸是在人活动时测得的尺寸，主要能为家具或设备之间的距离、高度提供一个适合的尺寸范围，以减少人的体能消耗。

3.1.2 造型原则

家具的造型是设计师思想的最终呈现形式，家具的实体必须是美的表达。定制家具的美学造型设计原则通常包含对称与平衡、对比与统一、节奏与韵律。

1. 对称与平衡

对称是指具有对称轴，轴的两边相当部分完全对应，表现出一种和谐、稳定之感。

平衡是指家具表现出一种稳定的感觉。这种感觉是由家具各部分的体量关系和不同材质对比形成的。平衡不仅表现在尺度上，而且还表现在造型、色彩、肌理上。平衡包括对称和非对称两种形式。

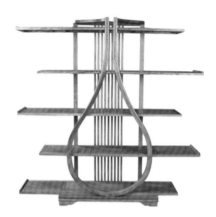

▲ 在形式上对称和均衡有机统一，兼具安定感和生机

2. 对比与统一

对比强调变化性与差异性，表现为互相衬托。家具设计中，从整体到局部，从单体到成组，常运用对比的方法来突出重点，取得变化的效果。包括形的对比、方向的对比、色彩的对比、质感的对比、虚实的对比等。

统一是与对比相对照的概念，主要是指协调性和一致性，统一的原则是合理地选择具有一定共性的各要素。最典型的是，方式上重复使用某种形式，色彩关系上采用相近颜色，材料上选取协调搭配。

3. 节奏与韵律

家具的节奏和韵律主要是某一元素有规律地重复，从而创造了视觉上的整体感和运动感。这种方式可以通过形状、线条、颜色、细部装饰来实现。常见的节奏与韵律的形式有连续、渐变、起伏、交错。

▲ 线与面、曲与直、实与虚之间形成对比

▲ 方形框板元素在垂直方向上错位，形成渐变的韵律

3.1.3 色彩原则

色彩的本质是不同频率的电磁波。人对颜色的反应表现在对颜色的基本特性的知觉，即对色调、明度、饱和度的知觉及心理表现。

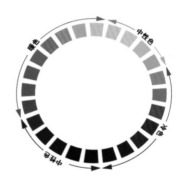

1. 色彩的心理效应

色彩产生的感情心理效应

颜色	心理效应
红	热烈、积极、激情、喜悦、喧闹、愤怒、焦灼
橙	欢喜、爽朗、爽气、成熟、丰收、焦虑
黄	明亮、愉快、健康、光明
黄绿	青春、鲜嫩、休憩
绿	和平、安静、新鲜、年轻、活力
青绿	凉爽、平静、深远
青	冷静、沉默、孤独、空旷
青紫	神秘、深奥、崇高
紫	庄严、高贵、大气、严肃、雍容、抑制
蓝	沉静、透明、舒适、沉思、忧郁、消沉
褐	朴素、稳重、成熟、干涩
白	纯洁、朴素、镇定、清爽、冷酷
灰	平凡、中性、沉着
黑	黑暗、阴森、严峻、不安、冷酷

2.色彩搭配原则

1）向北或向东开窗的房间可运用暖黄色调的家具，这种方式可以让整个空间看起来更加温暖。

2）在宽敞、阳光明媚的房间，可以选用淡灰色、黑色系的家具产品，能反衬空间的素净高雅。可以增加几种亮丽的颜色，从而使得空间更有生机。

3）不建议大面积地使用蓝色，因为蓝色过多会给人带来忧郁的情绪，同时还会让空间显得狭小、黑暗。

▲ 适当面积的蓝色能够给人心旷神怡的感觉

4）通常情况下，家具的色彩要适当，原则上不超过三种。值得注意的是，黑色、白色、灰色是无彩色色系，因而可以不算色。

▶黑白灰搭配金色，整体恢宏大气，突显档次

3.1.4 柜体实际处理原则

1. 柜体留空原则

实际操作中，为了更好地生产和安装，柜体设计时一般会留空，方法是在预留空位加封板进行收口。有顶部留空和侧面留空两种方式。

（1）顶部留空

顶部留空做封板的高度的适宜尺寸范围为 60~150mm（最小极限尺寸为 20mm，最大极限尺寸为 200mm）。

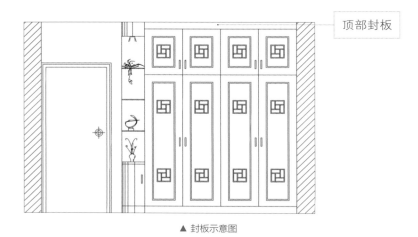

▲ 封板示意图

<table>
<tr><td>小贴士</td><td align="center">根据顶柜种类确定是否需要配备封板辅助板</td></tr>
</table>

在顶部留空的处理中，可根据不同种类的柜门来制订封板方案。一般情况下，若顶柜为平开门，则封板要加封板辅助板；若顶柜为趟门，则不需要配备封板辅助板；但若侧面见光，则侧封板需要配合封板辅助板安装（封板辅助板的宽度通常为 60mm。）

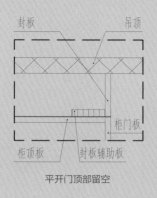

平开门顶部留空

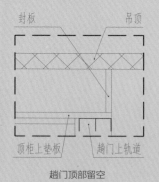

趟门顶部留空

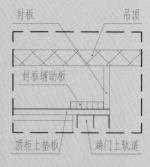

趟门见光面顶部留空

（2）侧面留空

若柜体后方的踢脚线不拆除，则需要在柜体背面、侧面靠墙的位置预留出约 20mm，以用来封板收口或者侧板踢脚线切角收口。

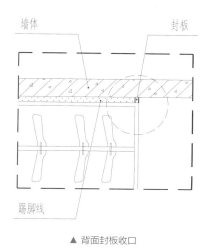

▲ 背面封板收口

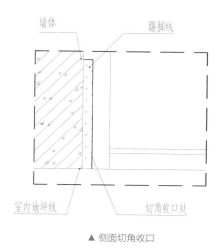

▲ 侧面切角收口

2. 避柱处理原则

柱子的尺度不同，则柜体的处理方式也不同，在设计时，需要通过实际测量，了解柱子的基本情况，从而制定良好的避让原则，设计方案使得更为合理化和人性化。

（1）原则一

当柱宽 ≤100mm、柱深 ≤100mm 时，建议在柜子侧边做封板，以对柱子进行遮挡，封板的宽度需要比柱子的宽度要大。通常封板的宽度要比柱子大 20mm 左右。

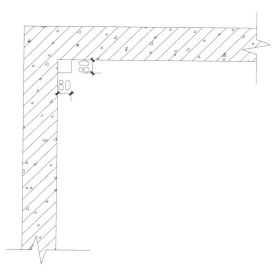

▲ 柱子平面图

▲ 墙、柱轴测图

▲ 柜体正视轴测图

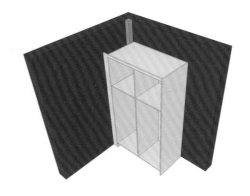

▲ 柜体轴测图

（2）原则二

当柱子尺寸在 100mm × 100mm 和 250mm × 250mm 之间时，柜体需要切柱，切口的尺寸≥柱子尺寸+20mm。通常切口的尺寸要以 50mm 为递增单位。

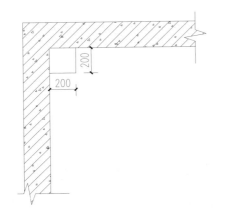

▲ 柱子平面图

▲ 墙、柱轴测图

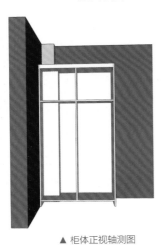

▲ 柜体正视轴测图

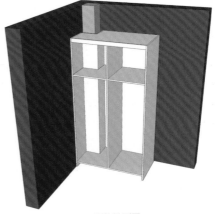

▲ 柜体轴测图

（3）原则三

当 250mm×250mm ＜柱子尺寸＜ 450mm×450mm 时，可以通过做浅柜的方式处理。需要注意的是，浅柜的宽度要比柱子的宽度宽、同时浅柜后方的空间距离也要比柱子的深度深，一般要比柱子的尺度深 20mm 左右。

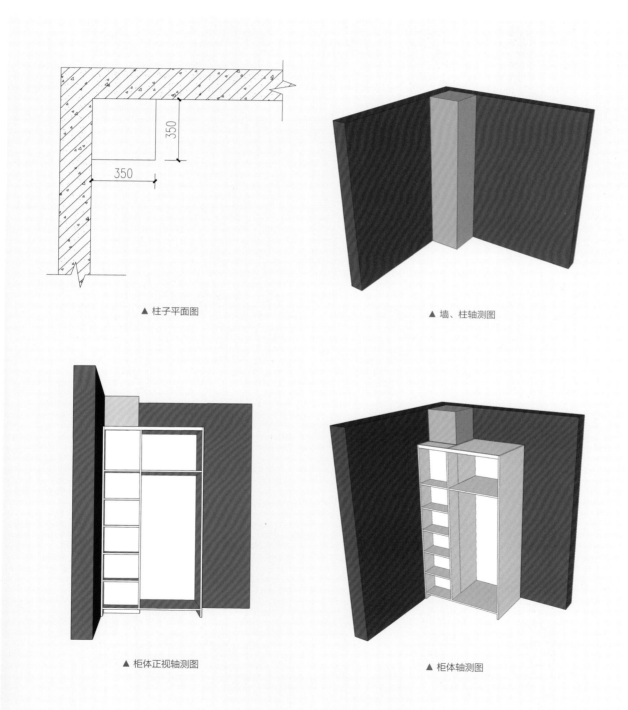

▲ 柱子平面图

▲ 墙、柱轴测图

▲ 柜体正视轴测图

▲ 柜体轴测图

（4）原则四

当柱子的宽度 − 障碍物柱子深度 ≤ 1550mm，可采用在柱子外添加封板或者假门的形式对障碍柱子进行处理，使得整体更加美观一致。

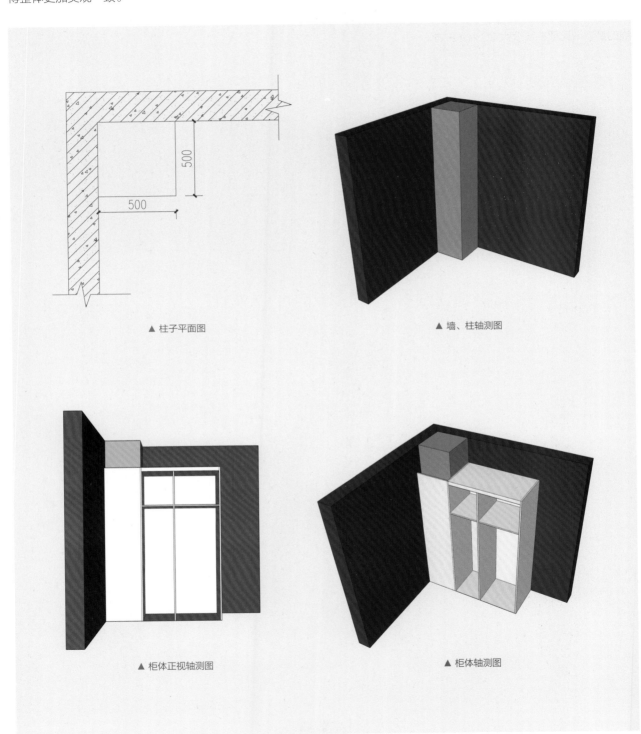

▲ 柱子平面图

▲ 墙、柱轴测图

▲ 柜体正视轴测图

▲ 柜体轴测图

3. 避梁处理原则

（1）原则一

当梁高、梁宽 ≤ 100mm 时，通常用加高顶线的方法来遮挡梁，顶线的高度需要比梁的高度要大。一般来说，顶线的高度要比梁的高度大 20mm 左右。

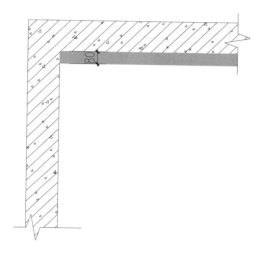

▲ 梁平面图

▲ 墙、柱轴测图

▲ 柜体正视轴测图

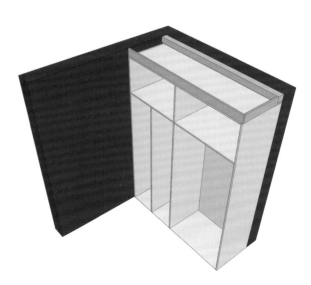

▲ 柜体轴测图

（2）原则二

当梁高 ≥ 250mm，梁宽 > 200mm 时，可将上柜做浅，避让梁。当左右两侧见光时，为保证美观，应将板材整块裁切，尽量不采用拼接的方式。

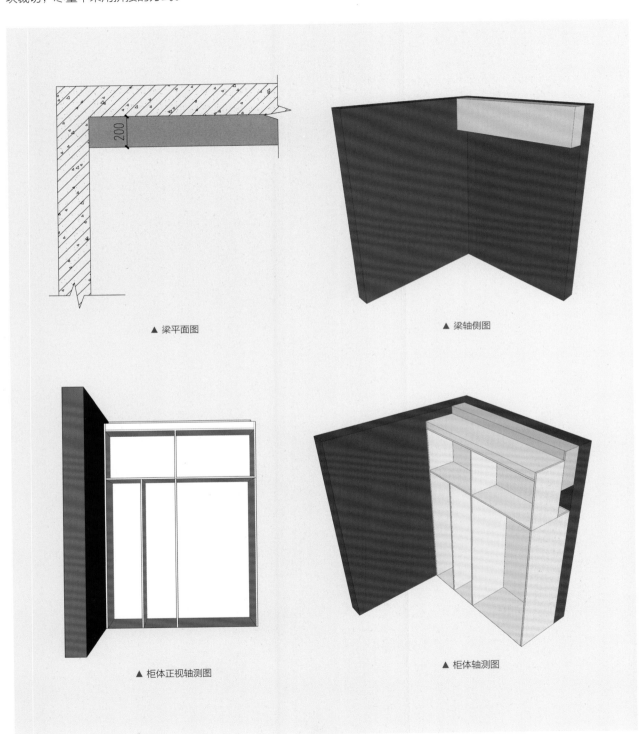

▲ 梁平面图

▲ 梁轴侧图

▲ 柜体正视轴测图

▲ 柜体轴测图

（3）原则三

当柜体深 − 梁宽 ≤ 155mm、柜体高 − 梁高 ≤ 155mm 时，可判断梁过大，可利用的空间较小，因而将上柜做高是较好的处理方式。

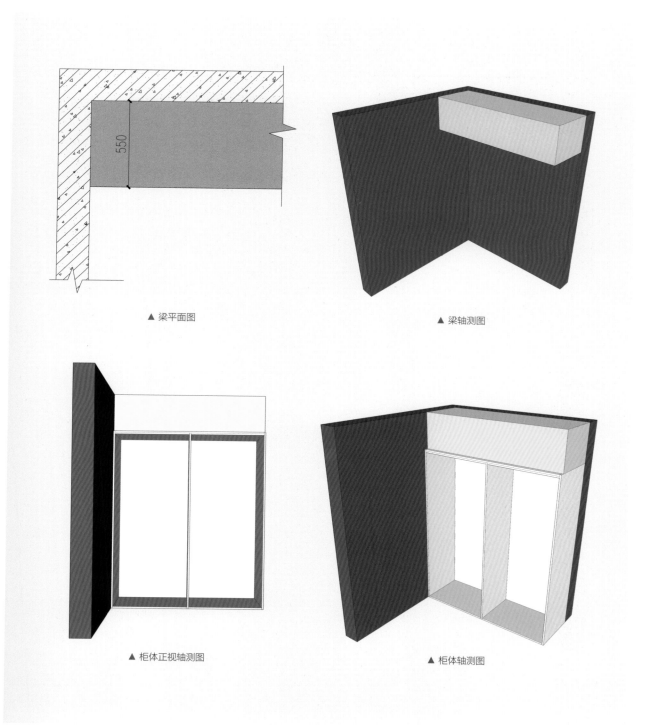

▲ 梁平面图　　　　　　　　　　　　　　　　　　▲ 梁轴测图

▲ 柜体正视轴测图　　　　　　　　　　　　　　　▲ 柜体轴测图

3.2 玄关空间系统定制

居住空间中给人第一印象的是玄关，它是衔接室内与室外的过渡性空间，也是迎送宾客的地点，其重要性不言而喻。因而玄关家具便承担着换鞋、放置物品、引导进入、保持其他居室私密性的重要作用。

入户空间中定制的家具通常是玄关柜。玄关是厅堂的外门处，也就是居室入口的一个区域。玄关柜可避免客人一进门就对整个居室一览无余，具有装饰、保持主人的私密性、方便主人换鞋脱帽等多种作用。

1. 玄关柜与人体工程学

（1）常见物品

由于玄关柜通常会有收纳功能，因而在设计时需要考虑柜间搁板，搁板距离是按收纳物品决定的。收纳的物品通常有鞋、帽、衣服、伞等物品。

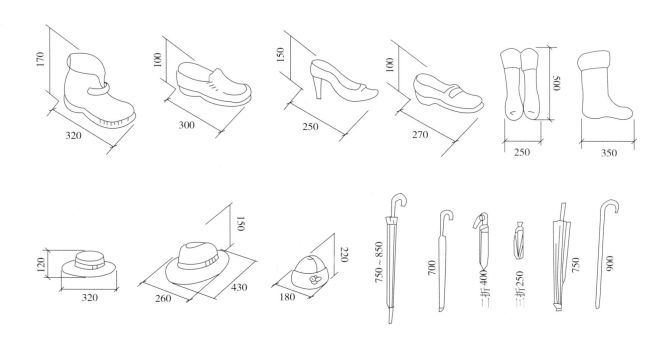

（2）柜前间距

玄关柜前应留出足够的空间供人活动，通常最小极限距离为900mm。

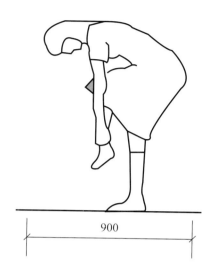

2. 玄关柜功能分区

玄关柜根据不同家庭的不同需要，功能分区并不是一定的，可根据实际情况进行调整。

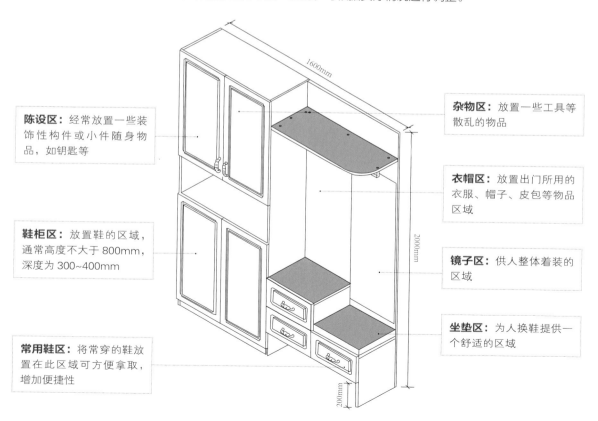

陈设区： 经常放置一些装饰性构件或小件随身物品，如钥匙等

鞋柜区： 放置鞋的区域，通常高度不大于800mm，深度为300~400mm

常用鞋区： 将常穿的鞋放置在此区域可方便拿取，增加便捷性

杂物区： 放置一些工具等散乱的物品

衣帽区： 放置出门所用的衣服、帽子、皮包等物品区域

镜子区： 供人整体着装的区域

坐垫区： 为人换鞋提供一个舒适的区域

3.玄关柜案例

（1）鞋柜

鞋柜的用途是陈列闲置的鞋。传统鞋柜主要是为了储藏鞋子，如今的鞋柜在款式上不断变化和创新，兼有悬挂衣物、装饰的功能。

鞋柜设计案例 ↘

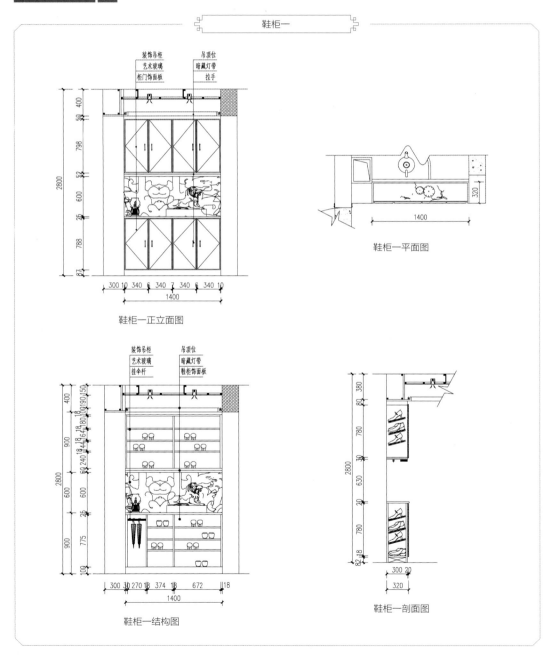

鞋柜二

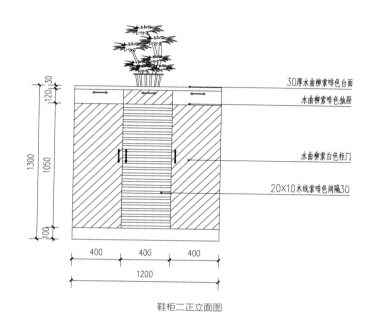

30厚水曲柳索啡色台面

水曲柳索啡色抽屉

水曲柳索白色柜门

20X10木线索啡色间隔30

400　400　400

1200

鞋柜二正立面图

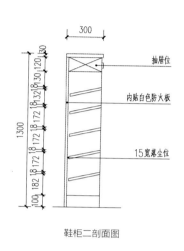

300

抽屉位

内贴白色防火板

15宽蔽尘位

鞋柜二剖面图

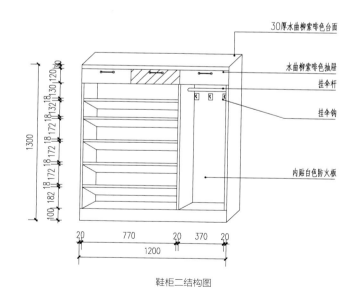

30厚水曲柳索啡色台面

水曲柳索啡色抽屉

挂伞杆

挂伞钩

内贴白色防火板

20　770　20　370　20

1200

鞋柜二结构图

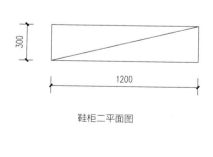

300

1200

鞋柜二平面图

鞋柜三

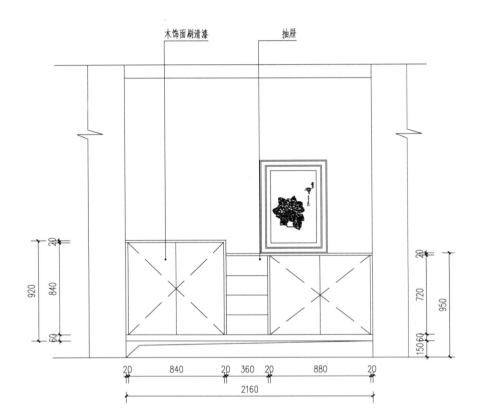

鞋柜三正立面图

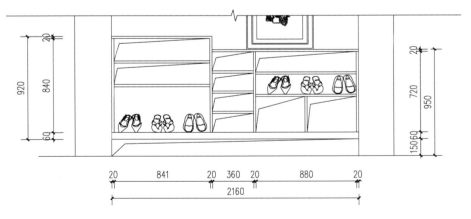

鞋柜三结构图

带玻璃隔断鞋柜一

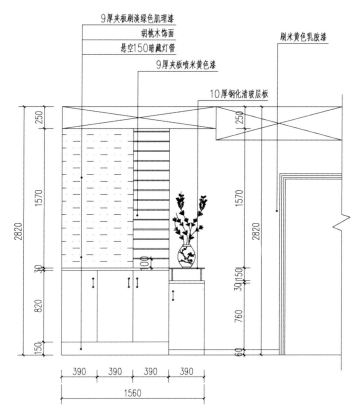

9厚夹板刷淡绿色肌理漆
胡桃木饰面
悬空150暗藏灯管
9厚夹板喷米黄色漆
10厚钢化清玻层板

刷米黄色乳胶漆

带玻璃隔断鞋柜一正立面图

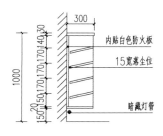

内贴白色防火板
15宽落尘位
暗藏灯管

带玻璃隔断鞋柜一剖面图

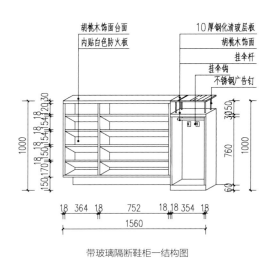

胡桃木饰面台面
内贴白色防火板
10厚钢化清玻层板
胡桃木饰面
挂伞杆
挂伞钩
不锈钢广告钉

带玻璃隔断鞋柜一结构图

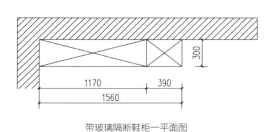

带玻璃隔断鞋柜一平面图

带玻璃隔断鞋柜二

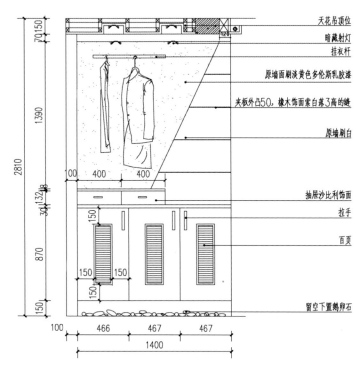

天花吊顶位
暗藏射灯
挂衣杆
原墙面刷淡黄色多伦斯乳胶漆
夹板外凸50，橡木饰面素白蒂3高的缝
原墙刷白
抽屉沙比利饰面
拉手
百页
留空下置鹅卵石

带玻璃隔断鞋柜二正立面图

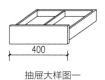

带玻璃隔断鞋柜二平面图

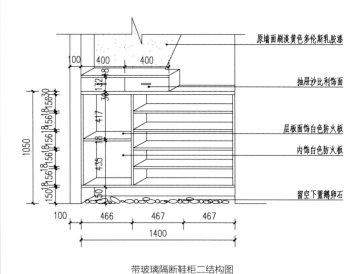

原墙面刷淡黄色多伦斯乳胶漆
抽屉沙比利饰面
层板面饰白色防火板
内饰白色防火板
留空下置鹅卵石

带玻璃隔断鞋柜二结构图

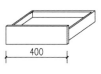

抽屉大样图一

抽屉大样图二

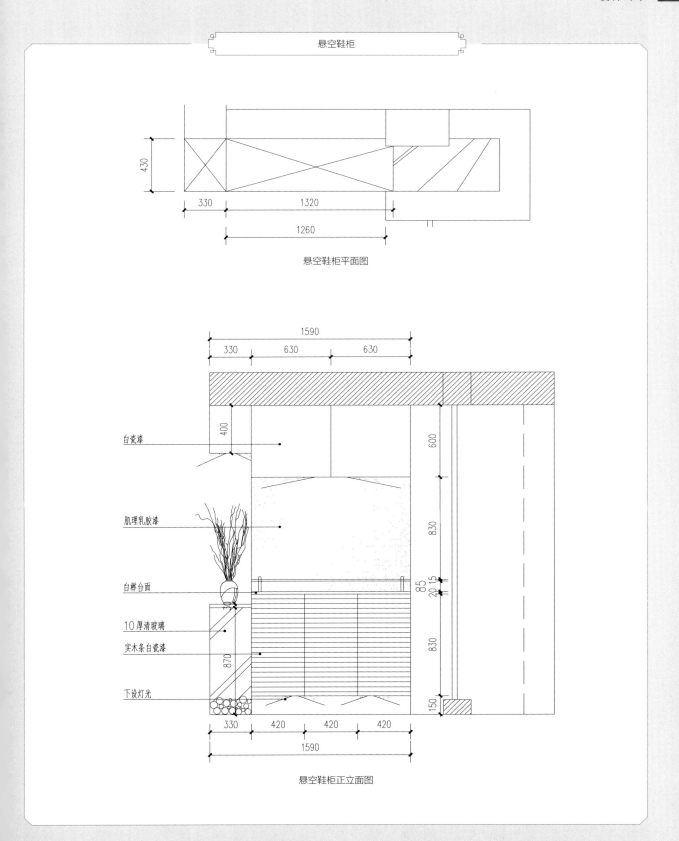

悬空鞋柜

悬空鞋柜平面图

白瓷漆

肌理乳胶漆

白桦台面

10 厚清玻璃

实木条白瓷漆

下设灯光

悬空鞋柜正立面图

鞋柜实景案例 ↘

材料： 白色模压板、纤维板

说明： 开放式鞋柜和封闭式鞋柜相结合，且开放式鞋柜上方能够为人换鞋提供坐的空间，使用更为方便。

材料： 刨花板、纤维板、白色模压板

说明： 将柜体嵌入墙中，以达到相对整齐的平面，中部的放鞋处高度适中，适合人拿取物品。

材料： 黑檀木饰面清油、刨花板

说明： 放鞋处分成了两层，够满足较多的鞋类存储需求。但此种设计较为适合男性居住的公寓，女性的鞋种类多样，若层板之间间隔较小，则无法满足需求。

材料： 纤维板、黑色金属拉手

说明： 鞋柜和衣柜进行了一体化设计，方便出门时更衣。鞋柜的深度较大，方便放置小件物品，收纳更为合理。

材料： 黑檀木饰面、纤维板

说明： 该鞋柜小巧，适合家庭成员较少的家庭选用，百叶门的使用也有利于柜体通风除味。

材料：实木框架、墨绿色饰面板、金属拉手

说明：鞋柜内部运用活动层板，可以根据不同的鞋进行调整，内部暗含的抽屉可以放一些小、散的物品，让收纳更有秩序。

材料：密度板、白色烤漆板

说明：该鞋柜的精巧之处在于柜门板采用下翻门设计，更符合人体工程学。

材料：人造石台面、密度板

说明：将鞋柜与墙垛结合设计，既分割了空间，又不显封闭，是一种很好的设计手法。

材料： 实木框架、墨绿色饰面板、金属拉手

说明： 柜体内设小型的卡座，更衣时较为便捷。卡座下方是开放式的收纳格，便于清理打扫，也方便换鞋。

材料： 密度板、白色烤漆板

说明： 柜体采用入墙式设计，整体感较好。白色的镂空木纹门板体现出了美式风格。

材料： 纤维板、铁艺杆

说明： 开放式的设计让人可以便捷的出门，色调和整体空间保持一致，凸显简洁、素净之感。

材料： 白色模压板、刨花板、人造石台面

说明： 柜体嵌入墙中，从而创造了一个小型的空间，台面上也可陈列小型摆件，增加空间趣味性。

材料： 纤维板贴实木皮、刨花板、木线条

说明： 采用 L 形的布局，左半部分设计为物品的悬挂、陈列区，右半部分为更衣换鞋区，从而将入门区域合理利用起来，提高了空间的利用率。

（2）玄关装饰储物柜

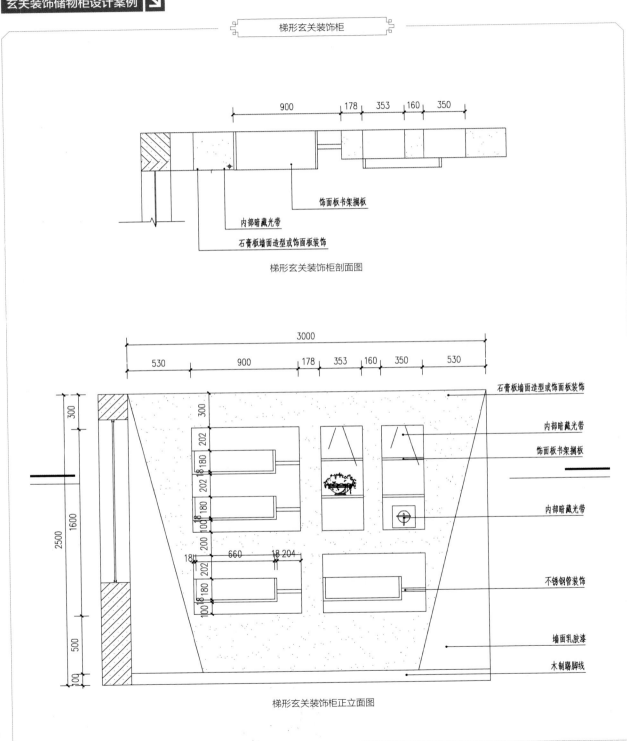

梯形玄关装饰柜

饰面板书架搁板

内部暗藏光带

石膏板墙面造型或饰面板装饰

梯形玄关装饰柜剖面图

石膏板墙面造型或饰面板装饰

内部暗藏光带

饰面板书架搁板

内部暗藏光带

不锈钢管装饰

墙面乳胶漆

木制踢脚线

梯形玄关装饰柜正立面图

带镜子装饰储物柜一

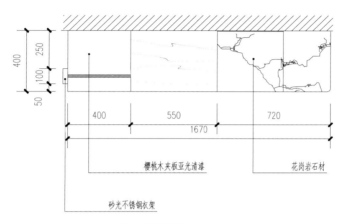

250
400
100
50

400
550
1670
720

樱桃木夹板亚光清漆　　　花岗岩石材

砂光不锈钢衣架

带镜子装饰储物柜一平面图

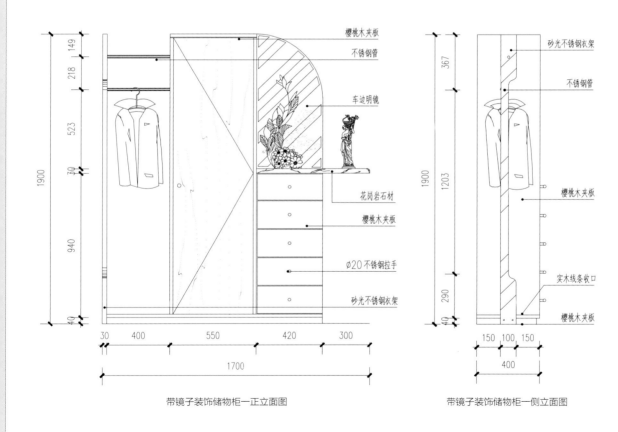

149
218
523
30
940
40
1900

樱桃木夹板
不锈钢管

车边明镜

花岗岩石材
樱桃木夹板

Φ20不锈钢拉手

砂光不锈钢衣架

30　400　　550　　420　300
1700

带镜子装饰储物柜一正立面图

367
1900
1203
290
40

砂光不锈钢衣架

不锈钢管

樱桃木夹板

实木线条收口

樱桃木夹板

150 100 150
400

带镜子装饰储物柜一侧立面图

053

带镜子装饰储物柜二

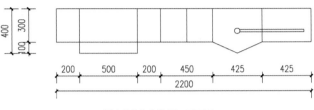

带镜子装饰储物柜二平面图

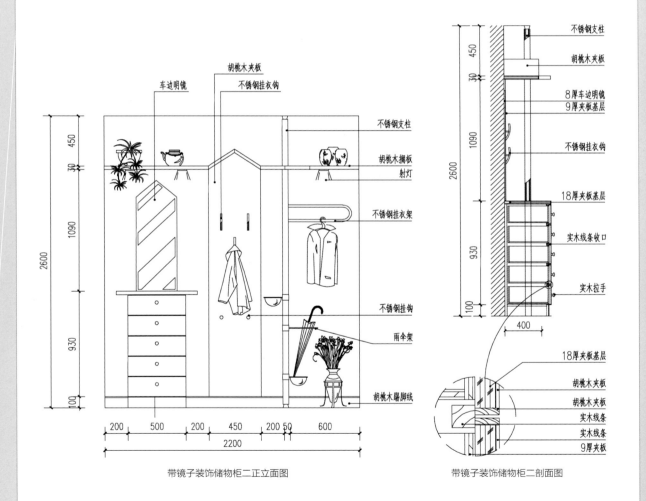

带镜子装饰储物柜二正立面图

带镜子装饰储物柜二剖面图

玻璃装饰储物柜、悬挂式镜面装饰储物柜

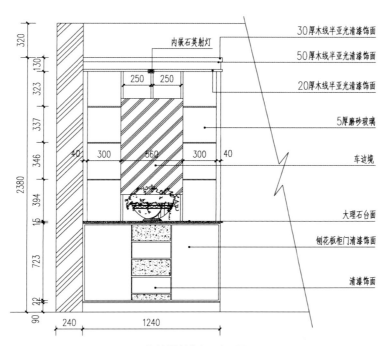

30厚木线半亚光清漆饰面
内嵌石英射灯
50厚木线半亚光清漆饰面
20厚木线半亚光清漆饰面
5厚磨砂玻璃
车边境
大理石台面
刨花板柜门清漆饰面
清漆饰面

玻璃装饰储物柜正立面图

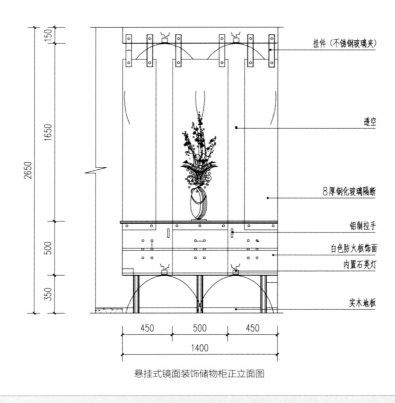

挂件（不锈钢玻璃夹）
透空
8厚钢化玻璃隔断
铝制拉手
白色防火板饰面
内置石英灯
实木地板

悬挂式镜面装饰储物柜正立面图

仿古玄关装饰柜、推拉门玄关装饰柜

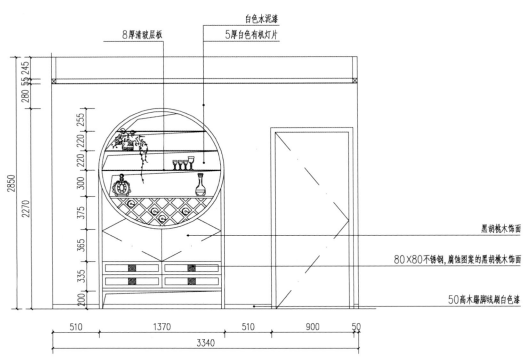

8厚清玻层板

白色水泥漆
5厚白色有机灯片

黑胡桃木饰面

80×80不锈钢,腐蚀图案的黑胡桃木饰面

50高木踢脚线刷白色漆

仿古玄关装饰柜正立面图

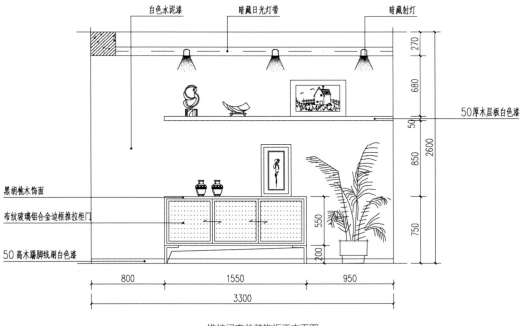

白色水泥漆   暗藏日光灯带   暗藏射灯

50厚木层板白色漆

黑胡桃木饰面

布纹玻璃铝合金边框推拉柜门

50高木踢脚线刷白色漆

推拉门玄关装饰柜正立面图

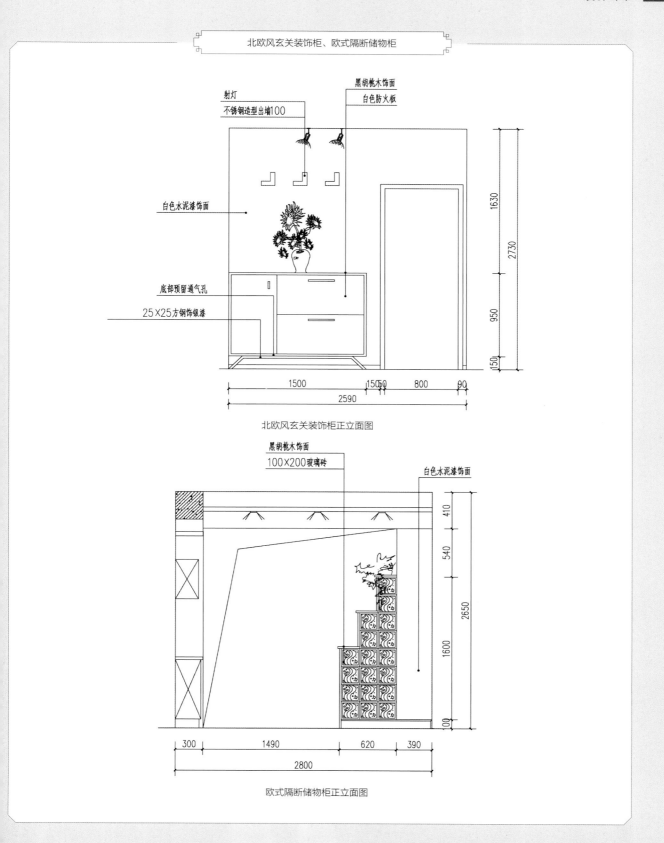

北欧风玄关装饰柜、欧式隔断储物柜

黑胡桃木饰面
白色防火板

射灯
不锈钢造型出墙100

白色水泥漆饰面

底部预留通气孔

25×25方钢饰银漆

1630
2730
950
150

1500   150 50   800   90
2590

北欧风玄关装饰柜正立面图

黑胡桃木饰面
100×200玻璃砖

白色水泥漆饰面

410
540
2650
1600

300   1490   620   390
2800

欧式隔断储物柜正立面图

玄关装饰柜实景案例 ↘

材料：纤维板、白色模压板、人造石台面

说明：较虚的储物格和较实的柜体形成对比，储物格还使用了人造石台面，利用不同的材质丰富柜体的外表形态。

材料：纤维板

说明：采用一柜到顶的方式，整体简洁，色彩大气，很好地渲染出柜体的重量和质感。

材料： 实木框架、纤维板

说明： 柜体使用抽屉，可以有效提高空间的利用率，使拿取物品更为便捷。

材料： 纤维板、刨花板贴实木皮

说明： 此类玄关装饰储物柜制作
工艺较为简单，用料较少，也能
满足基本的日常需要，且装饰性
较好，追求极简。

材料： 黑檀木、刨花板

说明： 完全对称式结构、经典的中式元素很好地体现于玄关装饰柜中，黑檀木质地厚重、手感温润，无疑提升了家居装修的档次。

材料：白色混油、金色不锈钢

说明：L 形的转角连续设计是点睛之笔，此种较为有形式美的家具，采用定制是较好的方法。同时，灯光也具有重要作用，能够提高装饰性。

材料：实木框架、人造石台面

说明：以实木为基材定制，质感自然亲切。采用和抽屉颜色相仿的人造石台面，可让两者相互辉映，从而和空间色调有机融合。

材料： 实木、做旧油漆

说明： 采用对称式的设计，凸显均匀的美感。相似设计元素的重复出现也表现出了全屋定制家具的优越性，保证了整体风格的统一。

材料：纤维板、刨花板

说明：外形的直线线条简洁明快，木色彰显了自然气息，也增加了空间的层次感，显得淳朴、素雅。

材料：纤维板贴黑檀木皮、镜面

说明：将中国古典的窗格元素融入柜体的设计中，极好地表现了中式美。镜面、灯光的使用更增添了柜体整体的趣味性和陈列品的美感。

ugh

3.3 客厅空间系统定制

客厅是主人会客的开放场所，是日常的休闲放松区，使用频率很高，因而各种家具的功能配合是否合理、舒畅，直接影响到空间使用者生活的舒适方便程度。通常来说，客厅空间家具产品的定制主要集中在电视柜、装饰柜架等。

3.3.1 电视柜

电视柜主要是用来摆放电视的。随着人民生活水平的提高，与电视相配套的电器设备相应出现，导致电视柜的用途向多元化发展，不再是单一的摆放电视，而是集电视、机顶盒、DVD、音响设备、碟片等产品收纳和摆放功能于一体，兼顾展示的用途。

1. 电视柜与人体工程学

（1）距离

定制电视柜与沙发组之间的距离受到电视屏幕大小的限制。

随着电视的显示技术日新月异，4k 电视成为大多数家庭的选择，高清电视与观看者之间的距离可依靠公式计算

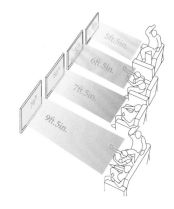

$$最大电视高度 = 观看距离 \div 1.5$$
$$最小电视高度 = 观看距离 \div 3$$

（2）高度

电视柜的高度应让使用者就座后的视线正好落在电视屏幕的中心。一般人体视线高度为沙发座面高度以及座面到眼部高度之和。这个高度通常不超过 1160mm，即电视柜的高度与电视机中心高度之和的最大值。

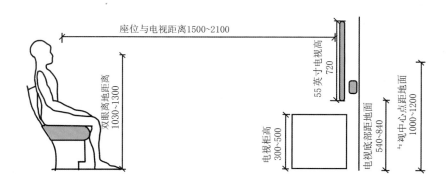

2.电视柜案例

电视柜设计案例 ↘

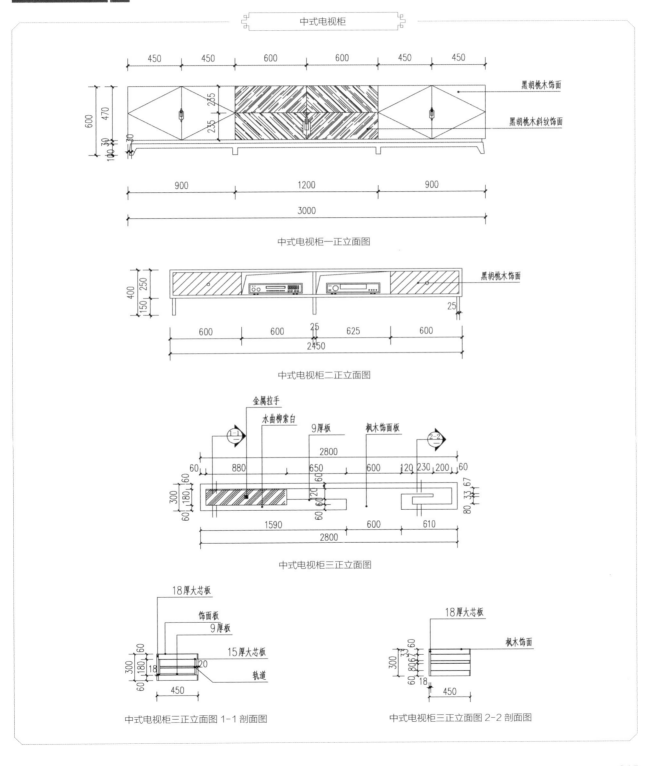

中式电视柜

中式电视柜一正立面图

中式电视柜二正立面图

中式电视柜三正立面图

中式电视柜三正立面图 1-1 剖面图

中式电视柜三正立面图 2-2 剖面图

层板式电视柜

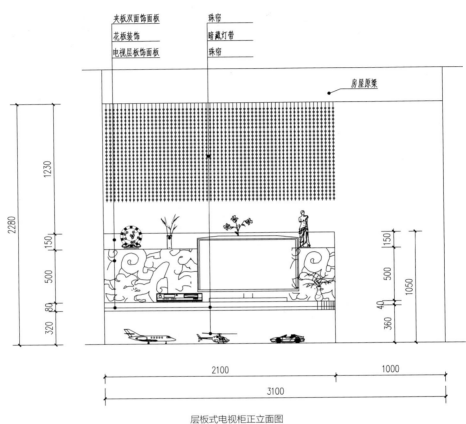

夹板双面饰面板　　　珠帘
花板装饰　　　暗藏灯带
电视层板饰面板　　　珠帘

房屋原梁

1230

2280

150

500

80

320

150

500

40

360

1050

2100　　　1000

3100

层板式电视柜正立面图

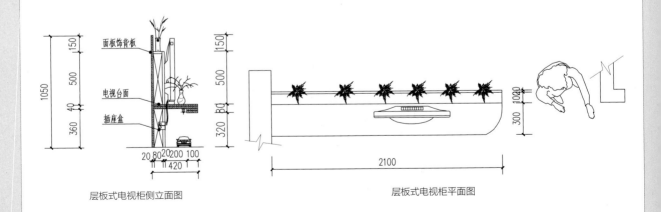

150
500
40
360
1050

面板饰背板

电视台面

插座盒

20 80 20 200 100
420

层板式电视柜侧立面图

150
500
80
320

2100

300
1000

层板式电视柜平面图

双层电视柜、带轮子电视柜

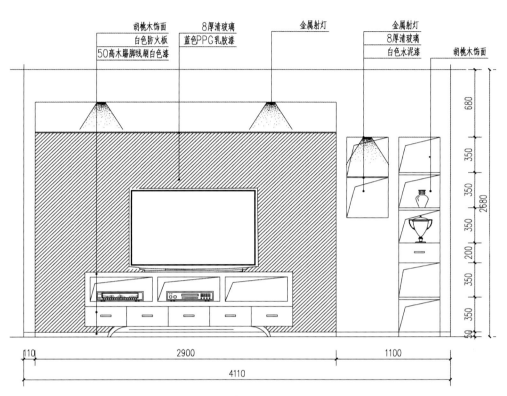

胡桃木饰面
白色防火板
50高木踢脚线刷白色漆
8厚清玻璃
蓝色PPG乳胶漆
金属射灯
金属射灯
8厚清玻璃
白色水泥漆
胡桃木饰面

680
350
350
200
350
350
2680

110   2900   1100
4110

双层电视柜正立面图

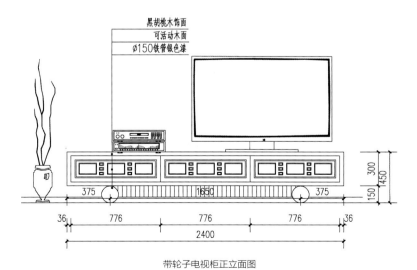

黑胡桃木饰面
可活动木面
Ø150铁管银色漆

300
150
450

375   1650   375
36   776   776   776   36
2400

带轮子电视柜正立面图

对称式电视柜、拼接式电视柜

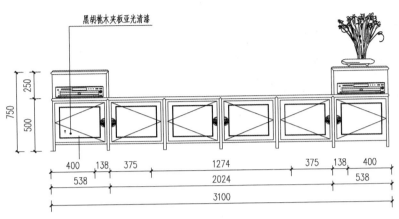

黑胡桃木夹板亚光清漆

对称式电视柜正立面图

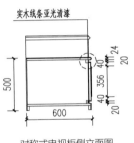

实木线条亚光清漆

对称式电视柜侧立面图

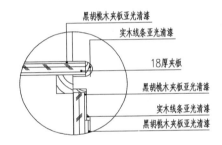

黑胡桃木夹板亚光清漆
实木线条亚光清漆
18厚夹板
黑胡桃木夹板亚光清漆
实木线条亚光清漆
黑胡桃木夹板亚光清漆

对称式电视柜节点放大图

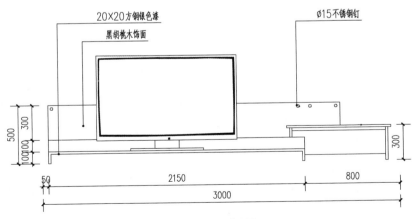

20X20方钢银色漆
黑胡桃木饰面
Ø15不锈钢钉

拼接式电视柜正立面图

电视柜实景案例 ↘

材料： 枫木

说明： 根据墙面，柜体的深度保持一致，右侧部分则通过封板的方式填补墙柜之间的空隙，保证了整体性。

材料： 刨花板贴实木皮、黑色拉手

说明： 在电视柜的设计上采用推拉门，可以在不使用时用遮挡的方式减少杂乱感，左侧的小抽屉可以放 CD、遥控器等小型物品，使用较为方便。

材料：柚木

说明：将电视悬挂在墙上，并在墙上开槽设置电视柜，充分利用了墙面空间，没有凸出的部分，达到了清爽的视觉效果，但嵌入式的设计需要有一定的深度才能满足需求。

材料：刨花板贴实木皮、纤维板

说明：在整体的黑色柜体中分成了谷仓门、电视柜、层板三部分，很好地利用了凹陷的墙体，整体齐平，木色的使用也柔和了黑色的压抑感。

材料： 黑檀木饰面、纤维板

说明： 通长的电视柜提供了相当大的储物空间，黑色的柜身和白墙对比鲜明，比较有视觉冲击力。

材料： 白枫木饰面、纤维板白色混油

说明： 木色的设计有着舒适的视觉效果，刻意弱化地砖的冷硬感。

材料： 刨花板、白色混油

说明： 茶几和电视柜采用相同的饰面，彼此呼应，提升客厅的统一性。

材料： 胡桃木

说明： 该电视柜整体造型简洁，木质材料的使用也增添了自然的气息。右侧的抽屉能够收纳小型物品，减少杂乱感。

材料： 刨花板贴白桦木皮、纤维板

说明： 使用矮隔断墙既能为电视提供悬挂场所，也起到了划分功能空间的作用。推拉式的电视柜门可以很好地隐藏柜内物品，柜门可用遥控设备智能开启和关闭。

材料： 实木混油、金属脚
说明： 原木和金属的搭配很好地体现了美式风格，造型简单。

材料： 文化石、实木

说明： 木质柜体嵌入到墙中，石材和木材的使用彰显了自然之气，使得空间充满了亲切感。

3.3.2　装饰柜架

装饰柜架是指通过陈设或者储藏来提升客厅格调、实用性以及趣味性的家具。

装饰柜架设计案例 ↘

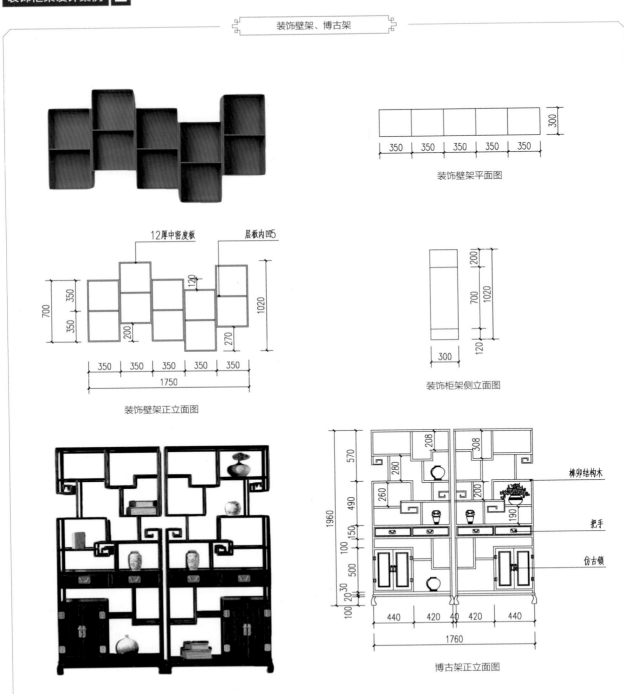

装饰壁架、博古架

装饰壁架平面图

12厚中密度板　　层板内凹5

装饰壁架正立面图

装饰柜架侧立面图

榫卯结构木

把手

仿古锁

博古架正立面图

悬空陈列柜、展示架

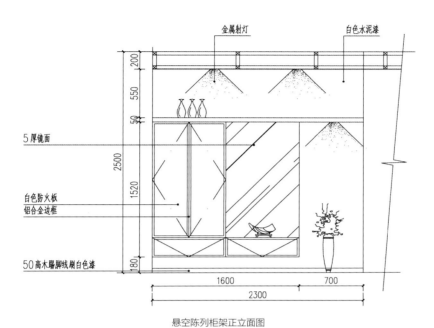

金属射灯　　　白色水泥漆

5厚镜面

白色防火板
铝合金边框

50高木踢脚线刷白色漆

200
550
50
2500
1520
180

1600　　　700
2300

悬空陈列柜架正立面图

墙面乳胶漆

吊杆射灯

饰面板书架档板

侧立饰面板造型

木制踢脚板

2500
300 260 40 260 40 260 40 260 40 260 40 260 40 260 40 260 40 260 100

展示架正立面图

带壁炉陈列架

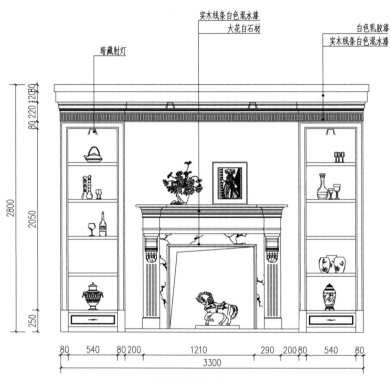

暗藏射灯

实木线条白色混水漆
大花白石材

白色乳胶漆
实木线条白色混水漆

80 220 120 80

2800

2050

250

80 540 80 200 1210 290 200 80 540 80

3300

带壁炉陈列架正立面图

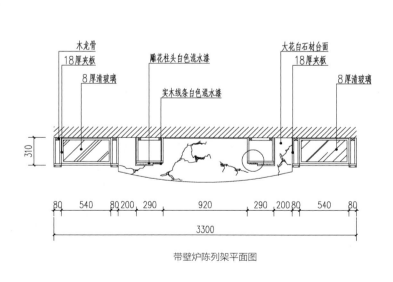

木龙骨
18厚夹板
8厚清玻璃

雕花柱头白色混水漆

实木线条白色混水漆

大花白石材台面
18厚夹板

8厚清玻璃

310

80 540 80 200 290 920 290 200 80 540 80

3300

带壁炉陈列架平面图

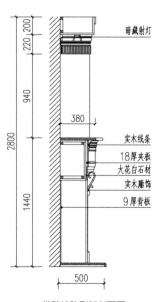

暗藏射灯

220 200

940

380

2800

1440

实木线条
18厚夹板
大花白石材
实木雕饰
9厚背板

500

带壁炉陈列架剖面图

玻璃门陈列柜

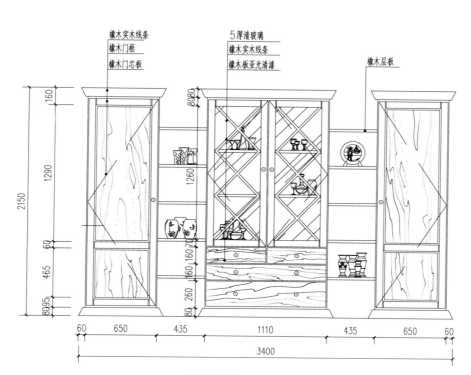

橡木实木线条
橡木门框
橡木门芯板

5厚清玻璃
橡木实木线条
橡木板亚光清漆

橡木层板

160
8080
2150
1290
60
465
8095
1260
160 160 70
260
80

60　650　435　1110　435　650　60
3400

玻璃门陈列柜正立面图

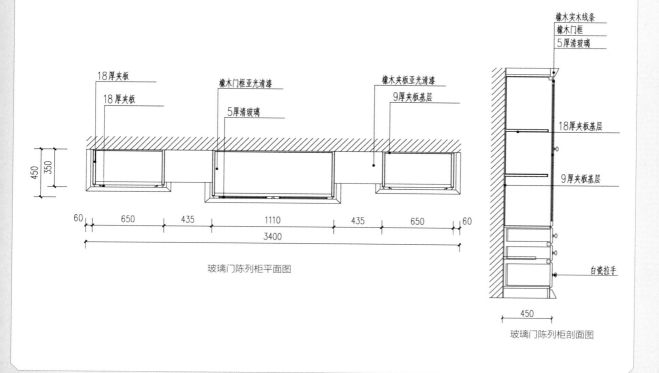

18厚夹板
18厚夹板

橡木门框亚光清漆
5厚清玻璃

橡木夹板亚光清漆
9厚夹板基层

450
350

60　650　435　1110　435　650　60
3400

玻璃门陈列柜平面图

橡木实木线条
橡木门框
5厚清玻璃

18厚夹板基层

9厚夹板基层

白瓷拉手

450

玻璃门陈列柜剖面图

装饰柜架实景案例 ↘

材料： 刨花板贴木饰面

说明： 采用自然的木纹饰面板，线条简洁却不锋利，储物和装饰两大特性均能优秀地呈现。

材料： 橡木饰面板

说明： 将条形板材拼装成格式的小型装饰柜架，收纳功能虽弱，但造型小巧自然，装饰性较好。

材料： 纤维板贴木饰面、刨花板

说明： 该柜架结构简单，内部分割看似随意，却形成了良好的秩序感，呈现出独特的通透感。

材料： 刨花板、白色混油

说明： 简单素雅的白色置物板是典型的北欧风设计，营造了舒适的氛围，用串灯作为点缀，给人柔和的印象。

材料： 刨花板、白色混油

说明： 柜子整体色彩、形状都较为简单，为避免单调，柜门采用了银色描边，使其具有一定的装饰性。

材料： 刨花板贴实木皮、纤维板

说明： 该柜架很有通透美，吊顶内部暗藏的灯带也更好地渲染了气氛。

材料： 纤维板贴实木皮、铁艺支架

说明： 这种柜架功能区丰富，但结构较为简单，造型简洁，很适合使用在工业风格中。

材料：科定板、茶色玻璃

说明：若墙面面积允许，可以做成这种大型的柜架，其收纳功能极为强大。

材料：纤维板、白色混油

说明：使用搁板和抽屉，可以将墙面打造成及储物和展示于一体的艺术墙面。上方采用较宽的搁板，收纳书籍与常用物品，下方较深的抽屉收纳家庭工具等。

材料：实木板材

说明：该柜体的设计整合了阅读、视听、储物等多种功能，布局紧凑，十分适合单身公寓。

材料：黑胡桃木、刨花板贴实木皮、铝合金

说明：此类型的柜架很适合定制，将柜架、背景墙装饰画、灯光三者进行了良好的融合，其效果较为惊艳。

材料：黑色模压板、纤维板贴实木皮、人造石台面

说明：上半部分采用搁板，下半部分是悬空的开合式柜子，很好地利用了角落。在定制的过程中，这种构造方式较易实现且美观。

3.4 餐厅空间系统定制

餐厅的全屋定制空间系统主要涉及的产品种类为酒柜和餐边柜。值得注意的是，餐厅的布置较为紧凑，因而经常会有酒柜和餐边柜合设的情况。

3.4.1 酒柜

酒柜是专用于酒类储存及展示的柜子，可分为电子酒柜和实木酒柜。电子酒柜需制冷、恒温，会与其他电子设备相配合，所以此部分不做赘述。

1. 酒柜与人体工程学

（1）高度

酒柜的高度应该按照使用者的身高具体调节，这也是全屋定制家具的优点之一。若客户身高、臂长为平均水平，则可以按照通用的尺度确定大致区间范围。

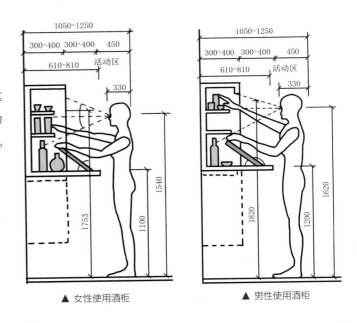

▲ 女性使用酒柜　　　　▲ 男性使用酒柜

（2）深度

酒柜的深度一般为 300~400mm，如果设置有台面，台面的深度可为 300~650mm，这时就要灵活处理台面和柜体的深度关系，保证整体美观性。

2. 酒柜设计注意事项

1）酒柜尺寸要以实用性为原则，不能过分追求繁复的花样而忽略了功能需求。

2）酒柜的高度应适当，在设计时不要将过重的物品放于上部。这样可以防止重心上移造成的不稳定现象。

3）做嵌入型酒柜时，要确认墙体是否为承重墙以及墙的承重力。

3. 酒柜案例

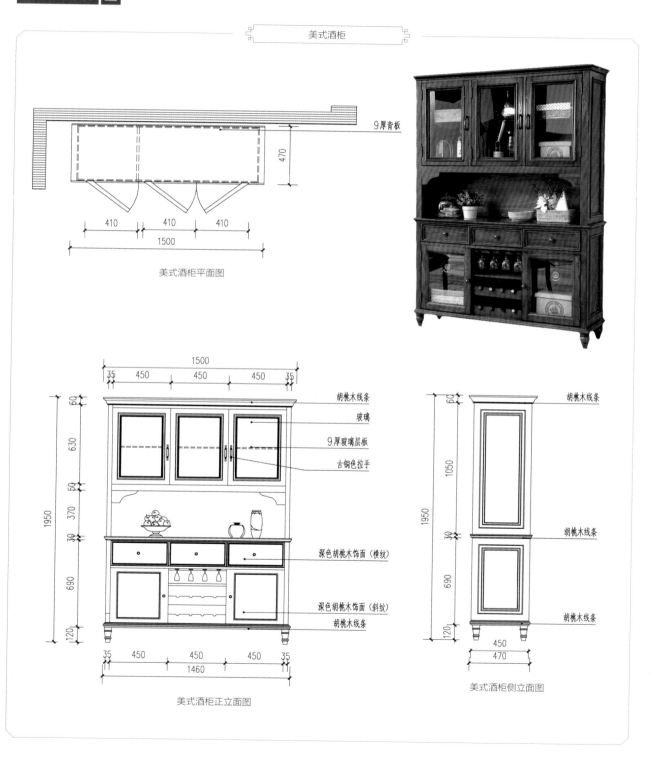

美式酒柜

9厚背板

470

410　410　410
1500

美式酒柜平面图

1500
35　450　450　450　35
60
630
胡桃木线条
玻璃
9厚玻璃层板
古铜色拉手
50
370
30
690
深色胡桃木饰面（横纹）
深色胡桃木饰面（斜纹）
胡桃木线条
120
1950
35　450　450　450　35
1460

美式酒柜正立面图

60
1050
1950
30
690
120
胡桃木线条
胡桃木线条
胡桃木线条
450
470

美式酒柜侧立面图

欧式酒柜

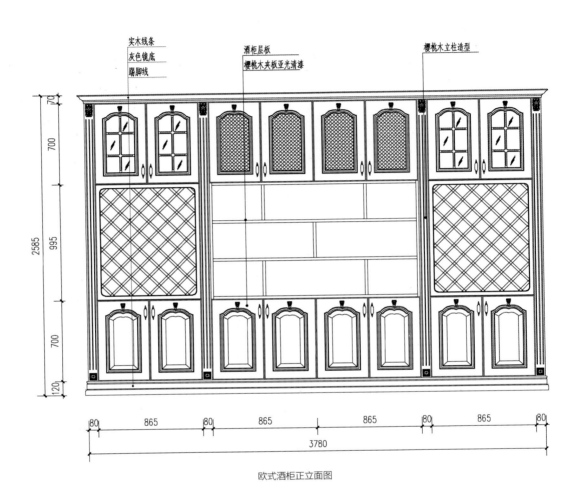

实木线条
灰色镜底
踢脚线

酒柜层板
樱桃木夹板亚光清漆

樱桃木立柱造型

欧式酒柜正立面图

欧式酒柜平面图

现代酒柜

暗藏冷光射灯

9厚玻璃搁板

9厚玻璃搁板

水曲柳夹板饰面做棕红色

水曲柳夹板饰面做棕红色

亚光铝合金拉手

水曲柳夹板饰面做棕红色

2800

1800

900

100

480　730　730　480

40 20　496　　496　　496　　496　　496　20 40

2600

现代酒柜正立面图

顶棚材料

20厚细木工板胶贴饰面板

① 节点大样图

实木压线

20厚细木工板胶贴饰面板

Ø4自攻钉

不锈钢合页

② 节点大样图

20厚细木工板胶贴饰面板

Ø4自攻钉

不锈钢合页

实木压线

③ 节点大样图

① ② ③

暗藏冷光射灯

30X50厚木料

9厚玻璃层板

水曲柳夹板饰面做棕红色

18厚细木工层板

柜内饰防火板（灰色）

不锈钢合页

现代酒柜剖面图

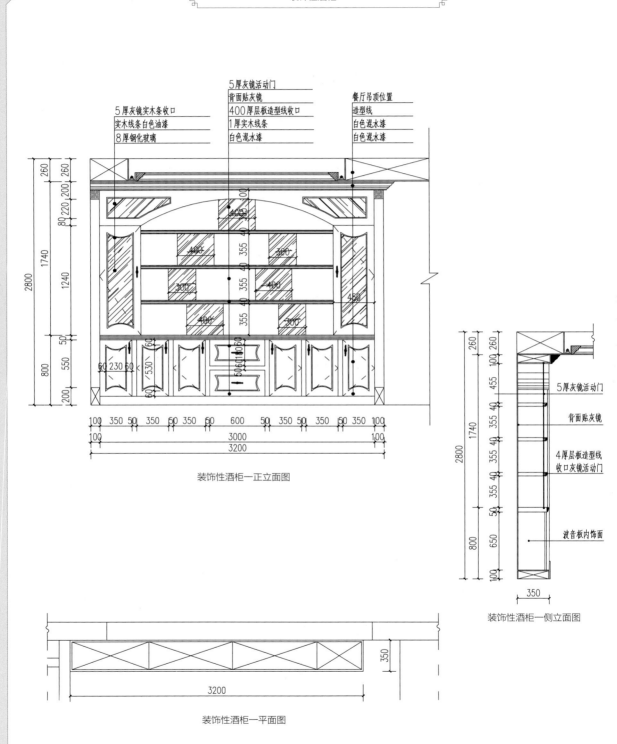

装饰性酒柜一

5厚灰镜活动门
背面贴灰镜
400厚层板造型线收口
1厚实木线条
白色混水漆

5厚灰镜实木条收口
实木线条白色油漆
8厚钢化玻璃

餐厅吊顶位置
造型线
白色混水漆
白色混水漆

装饰性酒柜一正立面图

5厚灰镜活动门

背面贴灰镜

4厚层板造型线
收口灰镜活动门

波音板内饰面

装饰性酒柜一侧立面图

装饰性酒柜一平面图

装饰性酒柜二

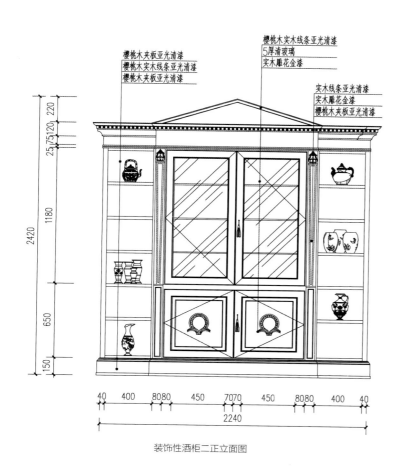

櫻桃木夹板亚光清漆
櫻桃木实木线条亚光清漆
櫻桃木夹板亚光清漆

櫻桃木实木线条亚光清漆
5厚清玻璃
实木雕花金漆

实木线条亚光清漆
实木雕花金漆
櫻桃木夹板亚光清漆

220
120
75
25
1180
650
150
2420

40 400 80 80 450 70 70 450 80 80 400 40
2240

装饰性酒柜二正立面图

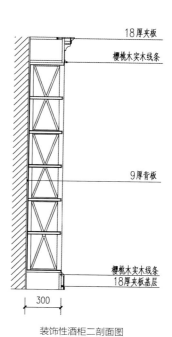

18厚夹板

櫻桃木实木线条

9厚背板

櫻桃木实木线条
18厚夹板基层

300

装饰性酒柜二剖面图

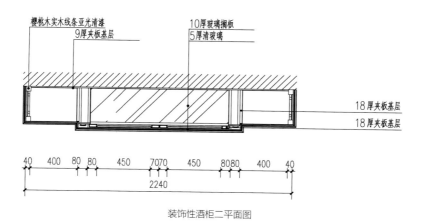

櫻桃木实木线条亚光清漆
9厚夹板基层

10厚玻璃搁板
5厚清玻璃

18厚夹板基层
18厚夹板基层

40 400 80 80 450 70 70 450 80 80 400 40
2240

装饰性酒柜二平面图

装饰性酒柜三

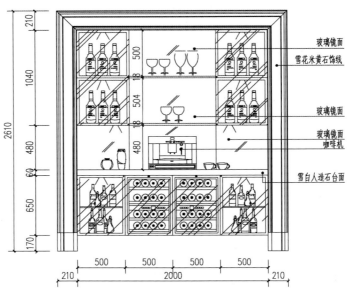

玻璃镜面
雪花米黄石饰线

玻璃镜面

玻璃镜面
咖啡机

雪白人造石台面

装饰性酒柜三正立面图

大理石墙身
不锈钢层架 雪花米黄石饰线
咖啡机 人造石台面

雪花米黄石饰线

凡尔赛金石座
雪花米黄石饰面
雪花米黄石饰线

凡尔赛金石座

① 节点大样图

装饰性酒柜三剖面图

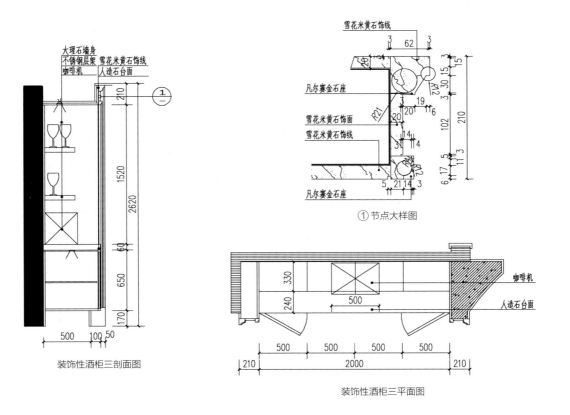

咖啡机

人造石台面

装饰性酒柜三平面图

小型酒柜

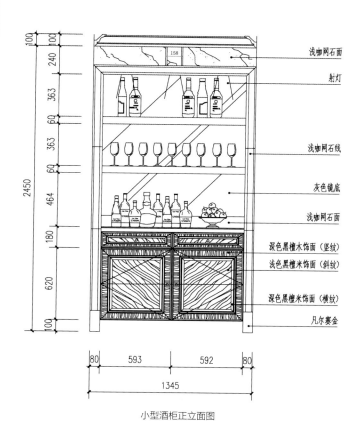

浅咖网石面

射灯

浅咖网石线

灰色镜底

浅咖网石面

深色黑檀木饰面（竖纹）
浅色黑檀米饰面（斜纹）

深色黑檀米饰面（横纹）

凡尔赛金

小型酒柜正立面图

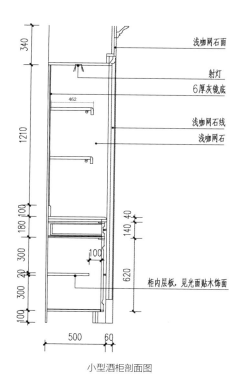

浅咖网石面

射灯

6厚灰镜底

浅咖网石线

浅咖网石

柜内层板，见光面贴木饰面

小型酒柜剖面图

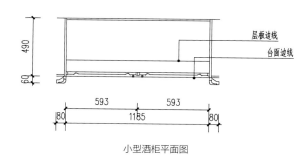

层板边线
台面边线

小型酒柜平面图

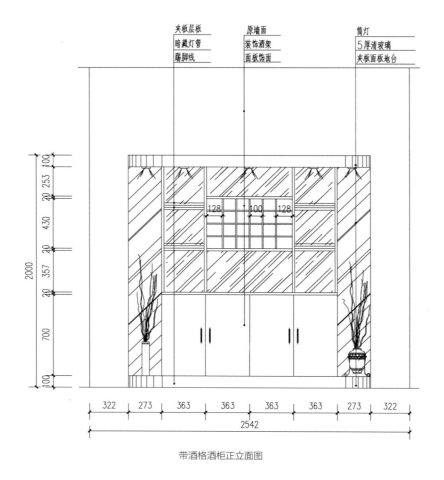

带酒格酒柜

夹板层板
暗藏灯管
踢脚线

原墙面
装饰酒架
面板饰面

筒灯
5厚清玻璃
夹板面板地台

带酒格酒柜正立面图

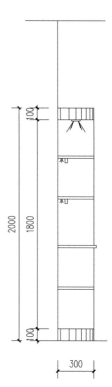

带酒格酒柜剖面图

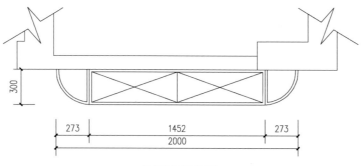

带酒格酒柜平面图

玻璃门酒柜

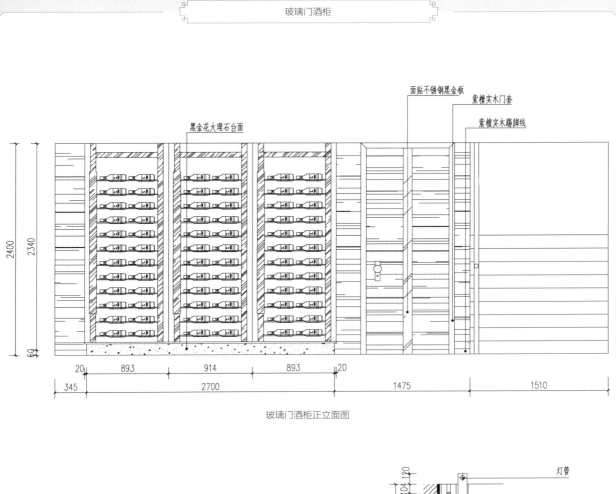

面贴不锈钢黑金板

紫檀实木门套

紫檀实木踢脚线

黑金花大理石台面

玻璃门酒柜正立面图

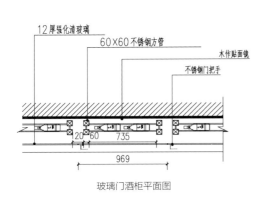

12厚强化清玻璃

60×60不锈钢方管

木作贴面镜

不锈钢门把手

玻璃门酒柜平面图

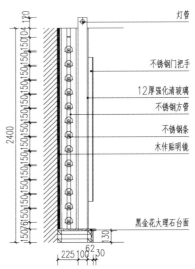

灯管

不锈钢门把手

12厚强化清玻璃

不锈钢方管

不锈钢条

木作贴明镜

黑金花大理石台面

玻璃门酒柜侧立面图

酒柜实景案例 ↘

材料： 榉木饰面、刨花板、绒布

说明： 深色的榉木饰面木质感强烈，开放式和带柜门的层格交替出现，弱化了深色柜体的压抑感。

材料： 黑檀木饰面、刨花板、暗红色绒布

说明： 该酒柜不采用任何复杂的装饰，仅利用柜顶的暗藏灯带便打造出了良好的视觉效果。

材料： 胡桃木饰面、纤维板

说明： 具有拱形元素的木质酒柜充满了美式乡村的气息，为单调的柜体赋予变化，提升了设计感。

材料： 刨花板贴实木皮、茶色玻璃、镜面

说明： 酒柜围绕墙体展开设计，在上面设置方形窗格、层板，充分利用了该隔断墙，异形的柜顶和柜底也优化了设计方案。

材料： 黑檀木饰面

说明： 当酒柜充当一部分背景墙时，需要注意酒柜的装饰性设计，酒柜的储酒量可以放到次要位置。所以，材质、灯光、酒瓶等都可提升装饰美感。

材料： 黑暗木饰面、细木工板

说明： 斜插式酒柜可以更好地展示精品酒，也能减少酒柜的进深，最大程度地保留室内面积。

材料： 刨花板、金属条、人造石面

说明： 将整面墙设置为酒柜，并将酒瓶矩阵式排列，整齐划一，整体感强，灯光也很好地烘托出低调奢华的氛围。

材料： 白枫木饰面、纤维板

说明： 当酒柜位于阳台附近时，需要注意防晒。尽可能不在朝南的阳台设置酒柜，以免破坏酒的口感。

材料： 黑檀木饰面、玻璃

说明： 酒柜从地面一直到顶部，内部采用交叉式的小型搁板，将酒瓶从存储物转换为装饰物，别具一格。

材料： 清漆、榉木

说明： 简单的框架结构，能满足大容量储酒需求，木色和整体空间色彩搭配得良好，相得益彰。

材料： 镜面、不锈钢

说明： 该酒柜以镜面为主，层板也外饰镜面，因而酒瓶像是悬浮于空中，周围空间也在酒柜中反映出来，有亦真亦幻之感。

材料： 刨花板、人造石台面

说明： 该酒柜运用对称式的设计手法分布在两侧，板材的颜色和软包进行搭配，形成了风格统一、内敛低调的空间形式。

材料： 木纹饰面板、大理石台面

说明： 此酒柜功能较多，具有吧台、水槽、台面，还有划分空间的效果。顶部的等腰三角形设计也让整体增色不少。

3.4.2 餐边柜

餐厅中最容易造成混乱的地带无疑是餐桌，餐桌作为空间中使用率最高的地方，存放的物品也繁杂多样，使用餐边柜可以很好地缓解杂乱的情况。

餐边柜设计案例 ↘

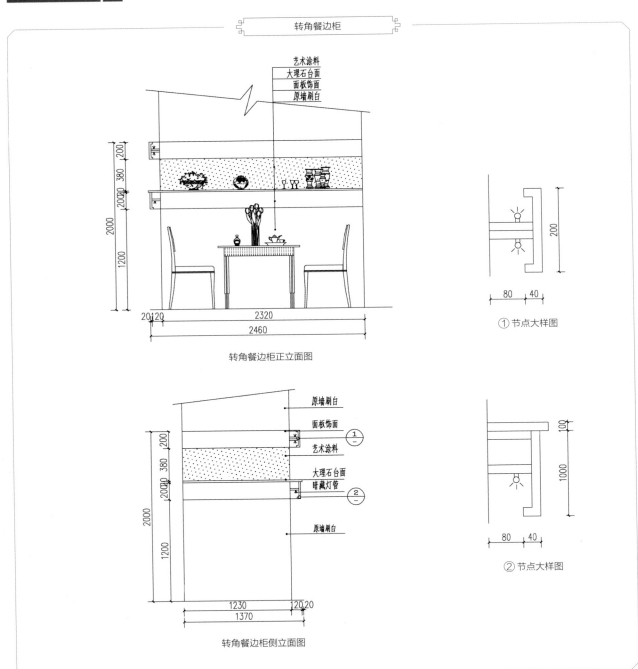

转角餐边柜

艺术涂料
大理石台面
面板饰面
原墙刷白

转角餐边柜正立面图

① 节点大样图

原墙刷白
面板饰面
艺术涂料
大理石台面
暗藏灯管
原墙刷白

转角餐边柜侧立面图

② 节点大样图

镜面玻璃餐边柜、隔断式餐边柜

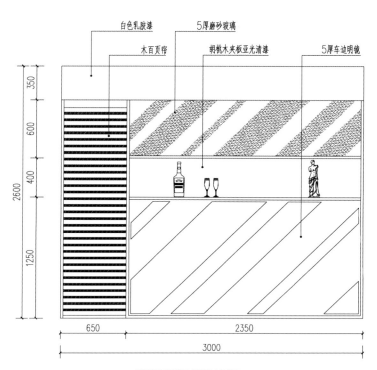

白色乳胶漆   5厚磨砂玻璃

木百页窗   胡桃木夹板亚光清漆   5厚车边明镜

350
600
400
2600
1250

650   2350
3000

镜面玻璃餐边柜正立面图

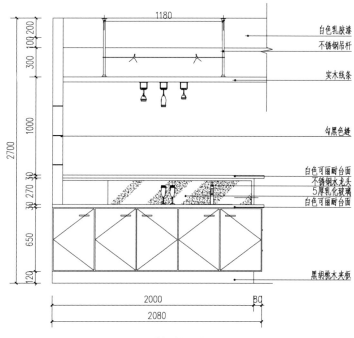

1180

100 200
300

白色乳胶漆
不锈钢吊杆

实木线条

1000   勾黑色缝

2700

30   白色可丽耐台面
270   不锈钢水龙头
30   5厚乳化玻璃
白色可丽耐台面

650

120   黑胡桃木夹板

2000   80
2080

隔断式餐边柜正立面图

餐边柜实景案例 ↘

材料：不锈钢支架、水曲柳、刨花板

说明：餐桌和餐边柜进行了一体化设计，并利用台面的高差增设了显示器，功能得到了拓展。

材料： 纤维板贴实木皮、刨花板

说明： 该餐边柜将卡座整合到柜体中，不仅节省了室内面积，通高的柜体还能加大储物空间。

材料： 水曲柳、刨花板

说明： 餐边柜的层板内嵌于柱子和另一柜体之间，从而保持了同一平面的延续性。

材料：柚木饰面板

说明：该餐边柜的装饰性大于实用性，以陈列展示为主，储藏功能较弱。木色清新自然，造型简洁大方。

材料：榆木饰面、刨花板

说明：层板加抽屉加地柜的结构，可增加餐边柜的功能性。柜体采用嵌入式设计，保证了墙面的平齐，整体视觉效果较好。

材料：白色模压板、刨花板、磨砂玻璃

说明：通过定制化的设计，利用透光的磨砂玻璃让餐边柜更显洁净通透。

材料： 钛白三聚氰胺饰面板、红樱桃三聚氰胺饰面板

说明： 采用拼接式元素的餐边柜，设计感丰富，充满变化，突出了餐边柜的立体感。

材料：不锈钢支架、刨花板

说明：层板可在支架上灵活变动，以满足多样的储物需求，也能通过错落的布置方式创造美感。

材料：刨花板、纤维板

说明：层板和抽屉相组合的结构可增加餐边柜的实用性：抽屉可用来收纳一些小物件、不常用的物品，层板可以用来放置工艺品、摆件等。

材料： 布艺软包、刨花板

说明： 带有浮雕效果的布艺软包块是构成该餐边柜外形的重要元素，这种重复的造型元素。

材料： 水曲柳饰面

说明： 将房屋原本裸露的柱子利用起来，通过设置搁板的方式获得了墙面的储物空间。

3.5 卧室空间系统定制

卧室定制产品包括衣柜、衣帽间、床、床头柜等。其中，衣柜和衣帽间所占的比重较大，几乎是每个家庭都会选择的定制化家具。床和床头柜是一个整体，在设计时需要综合考虑。

3.5.1 衣柜

衣柜是卧室中的最主要的定制家具，承担着储藏、陈设的任务，同时也是客户定制风格的集中体现，因而设计需要实用和美观有机结合。

1. 衣柜与人体工程学

（1）高度

可分为三个区间，第一区间是从地面至人站立时手臂垂下指尖的垂直距离（0~600mm），第二区域是从指尖至手臂向上伸展的距离（600~1650mm），第三区域为上部空间（1650mm以上）。

（2）宽度

宽度一般来说没有固定要求，可随客户喜好及房屋大小进行定制，通常情况下是以400mm或者800mm为基本模数单元，具体数值可上下浮动。

（3）深度

衣柜深度通常为550~600mm，这样比较符合人的需要。

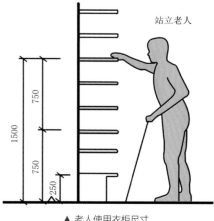

▲ 老人使用衣柜尺寸

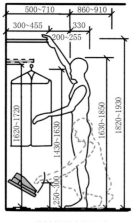

▲ 男性使用衣柜尺寸

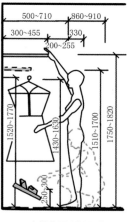

▲ 女性使用衣柜尺寸

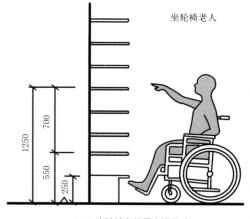

▲ 坐轮椅者使用衣柜尺寸

（4）衣柜功能区分析

衣柜的主要功能是用来储藏衣物、被品的家具，一般可以粗略地分为挂衣区、被褥区、叠放区、抽屉区。

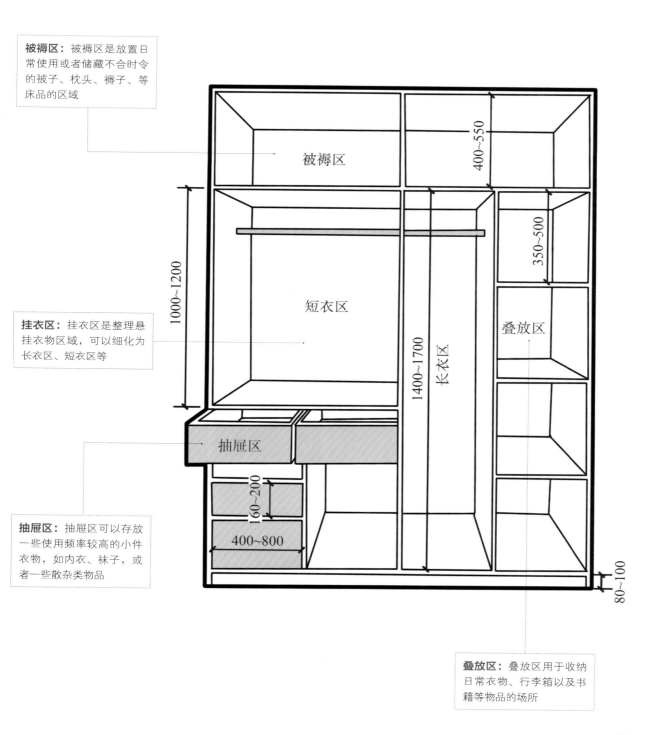

被褥区： 被褥区是放置日常使用或者储藏不合时令的被子、枕头、褥子、等床品的区域

挂衣区： 挂衣区是整理悬挂衣物区域，可以细化为长衣区、短衣区等

抽屉区： 抽屉区可以存放一些使用频率较高的小件衣物，如内衣，袜子，或者一些散杂类物品

叠放区： 叠放区用于收纳日常衣物、行李箱以及书籍等物品的场所

2. 衣柜标准材料清单

项目	分类	参考尺寸	详情
柜门板	实木		
	实木复合		门框：实木 门芯：纤维板、多层实木板（贴实木）
	其他材料		铝合金 + 芯板或人造板边框 + 芯板
柜体板	实木	被褥区板的间隔：400~550mm 叠放区板的间隔：350~400mm	
	实木指接板		
	实木复合		
	人造板		人造板贴实木
背板	实木		框架：实木 板层：多层板
	实木复合		
	人造板		多层板或纤维板
装饰性构件	踢脚线	高 80~100mm	纯实木、密度板贴实木
	罗马柱		
	顶线		
	其他（梁托、上下角花等）		
功能性构件	穿衣镜		
	挂衣杆	一般上衣：安装高度 1000~1200mm，不小于 900mm 长上衣：安装高度 1400~1700mm，不小于 1300mm	
	裤架	安装高度 80~1000mm	
	鞋架	安装高度 250~300mm	
	抽屉（内抽、外抽两种形式）	宽 400~800mm，高 190mm	
	格子抽屉		
其他	锁具		
	拉手	安装高度 1050~1200mm	
	射灯		
	滑轨		
	铰链		

3. 衣柜模块化设计

模块化设计其实就是在特定范畴之内将各种性能、规格存在相同或差异的产品在功能分析的层面上进行科学的划分，并且设定科学、可行的功能模块，借助模块的选择与组合的方式，构建个性化的定制产品，如此就能够使得客户多样化与个性化的需求得到满足。

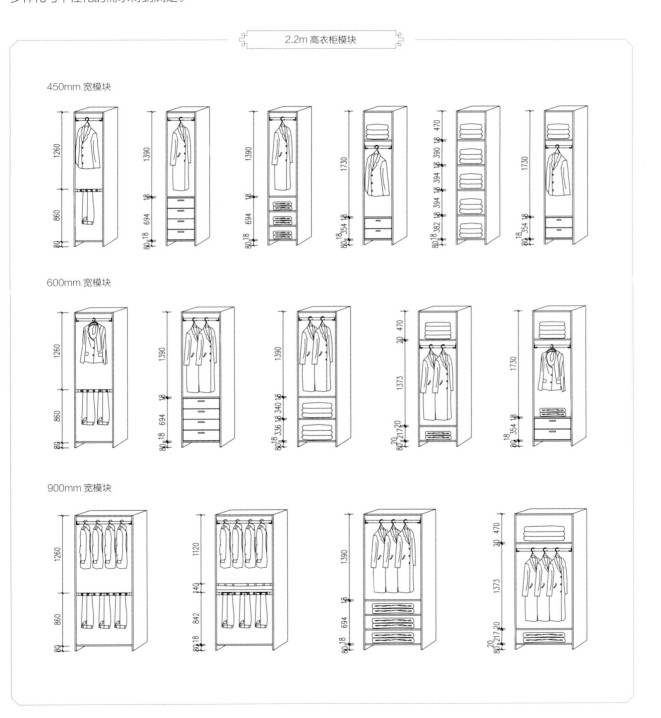

2.2m 高衣柜模块

450mm 宽模块

600mm 宽模块

900mm 宽模块

2.4m 高衣柜模块

450mm 宽模块

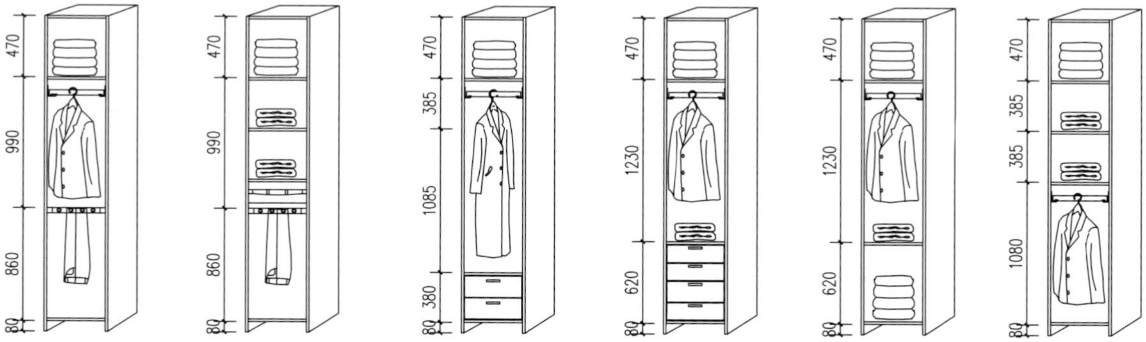

600 宽模块

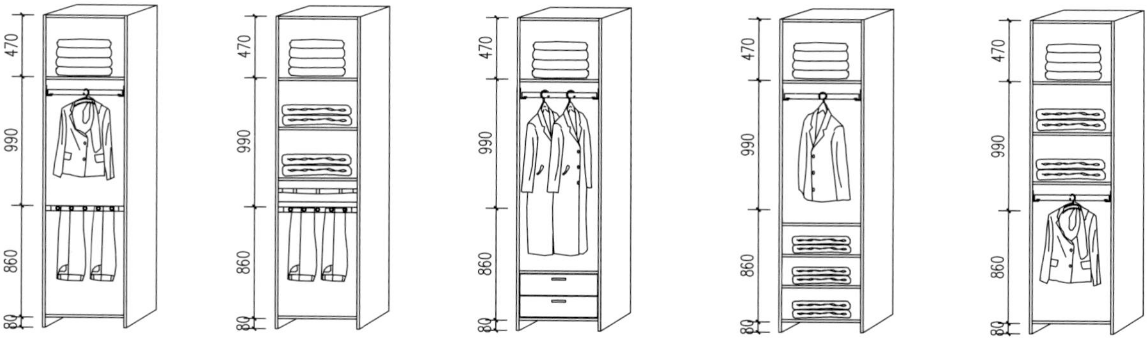

900 宽模块

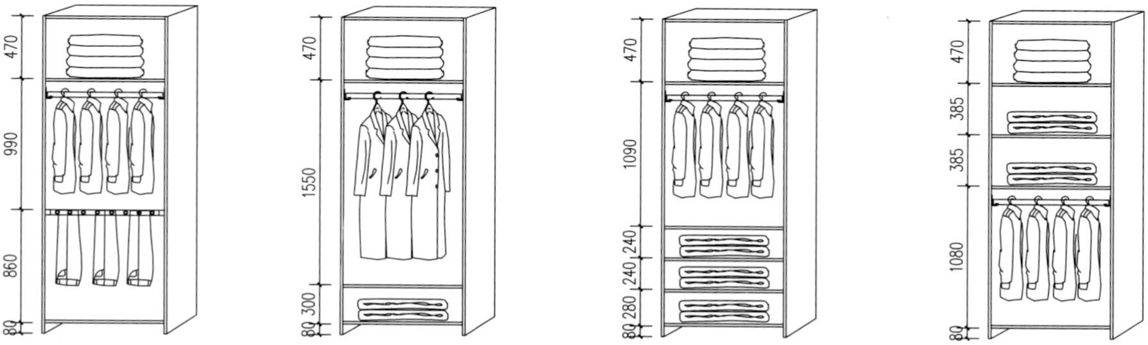

2.8m 高衣柜模块

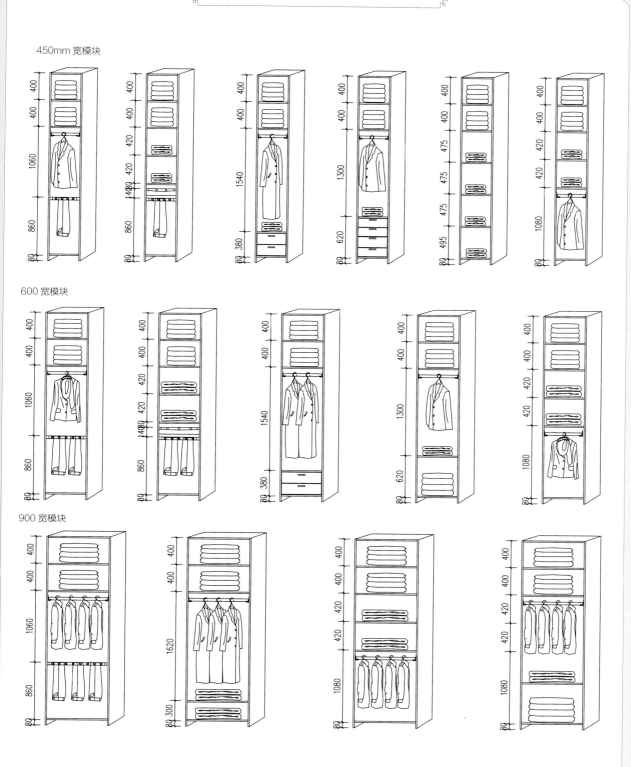

450mm 宽模块

600 宽模块

900 宽模块

衣柜模块组合示例

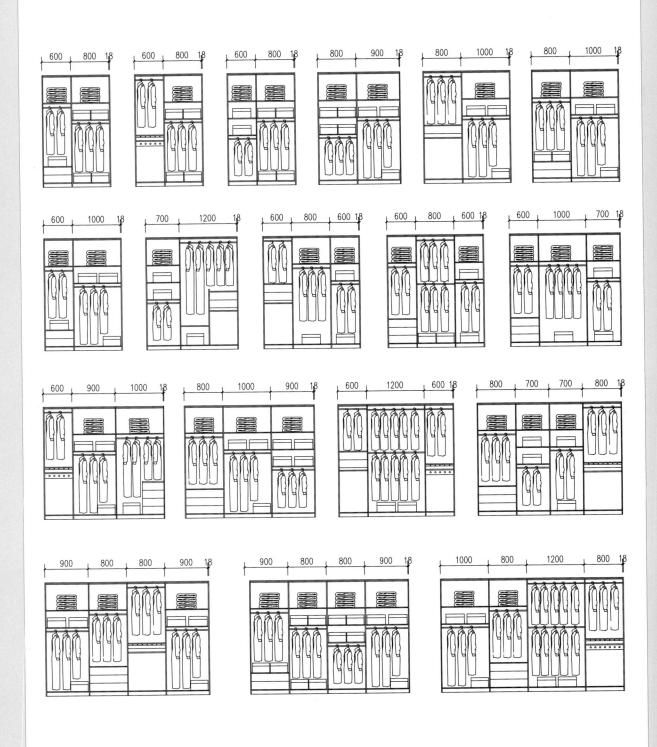

4. 衣柜案例

（1）到顶衣柜

到顶衣柜是从地面一直到顶面的一种衣柜形式，可以充分利用卧室空间。到顶衣柜可以分为两种形式：一种是内置顶柜，采用直接到顶的方法，整体看上去美观大气；另一种是外置顶柜，顶部采用吊柜设计，方便收纳。

到顶衣柜设计案例 ↘

实木到顶衣柜

实木线条

胡桃木面板

实木到顶衣柜正立面图

实木到顶衣柜结构图

实木到顶衣柜剖面图

实木到顶衣柜侧立面图

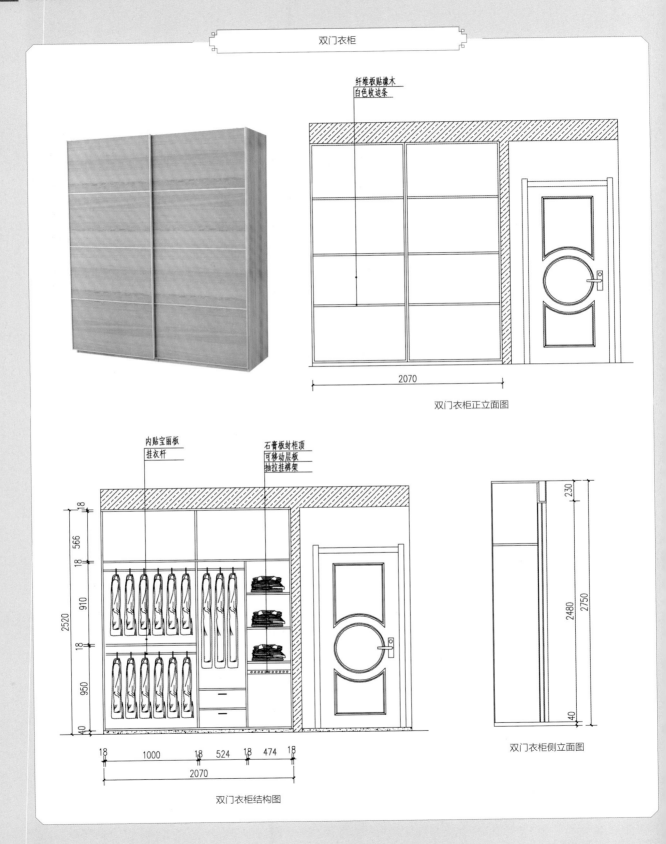

双门衣柜

纤维板贴橡木
白色收边条

2070

双门衣柜正立面图

内贴宝丽板
挂衣杆

石膏板封柜顶
可移动层板
抽拉挂裤架

2520
566
910
950
18
18
18
40

18 1000 18 524 18 474 18
2070

双门衣柜结构图

230
2750
2480
40

双门衣柜侧立面图

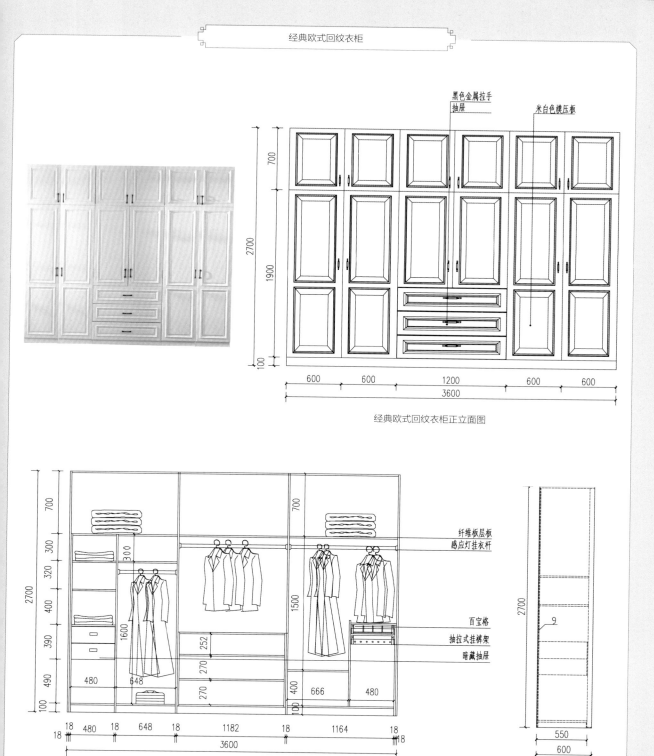

经典欧式回纹衣柜

黑色金属拉手
抽屉
米白色模压板

经典欧式回纹衣柜正立面图

纤维板层板
感应灯挂衣杆

百宝格
抽拉式挂裤架
暗藏抽屉

经典欧式回纹衣柜结构图

经典欧式回纹衣柜剖面图

玻璃门衣柜

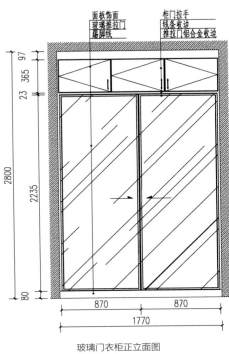

面板饰面
玻璃推拉门
踢脚线

柜门拉手
线条收边
推拉门铝合金收边

97
365
23
2800
2235
80
870 870
1770

玻璃门衣柜正立面图

645
1770

玻璃门衣柜平面图

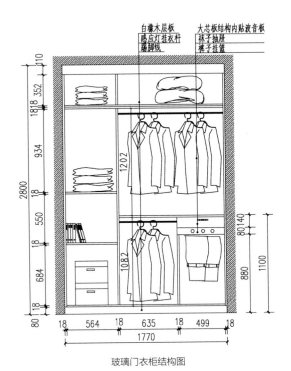

白橡木层板
感应灯挂衣杆
踢脚线

大芯板结构内贴波音板
袜子抽屉
裤子挂篮

110
18 18 352
934
2800
18
550
18
684
18
80
18 564 18 635 18 499 18
1770

1202
1082
80 140
1100
880

玻璃门衣柜结构图

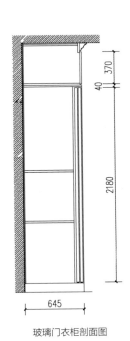

40 370
2180
645

玻璃门衣柜剖面图

平开门衣柜

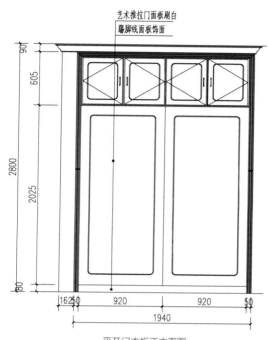

艺术推拉门面板刷白
踢脚线面板饰面

2800
605
905
2025
80

162 50　920　920　50

1940

平开门衣柜正立面图

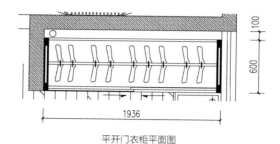

100
600

1936

平开门衣柜平面图

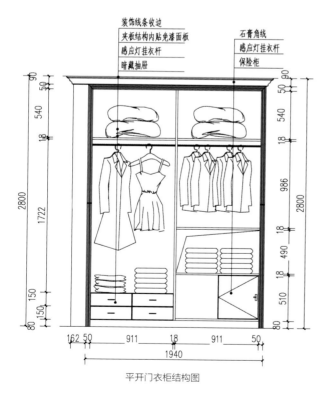

装饰线条收边
夹板结构内贴免漆面板
感应灯挂衣杆
暗藏抽屉

石膏角线
感应灯挂衣杆
保险柜

90
50
540
18
1722
2800
150
150
80

90
50
540
18
986
2800
490
18
510
80

162 50　911　18　911　50

1940

平开门衣柜结构图

三聚氰胺板

海蒂诗配件（滑轨）

抽屉大样图

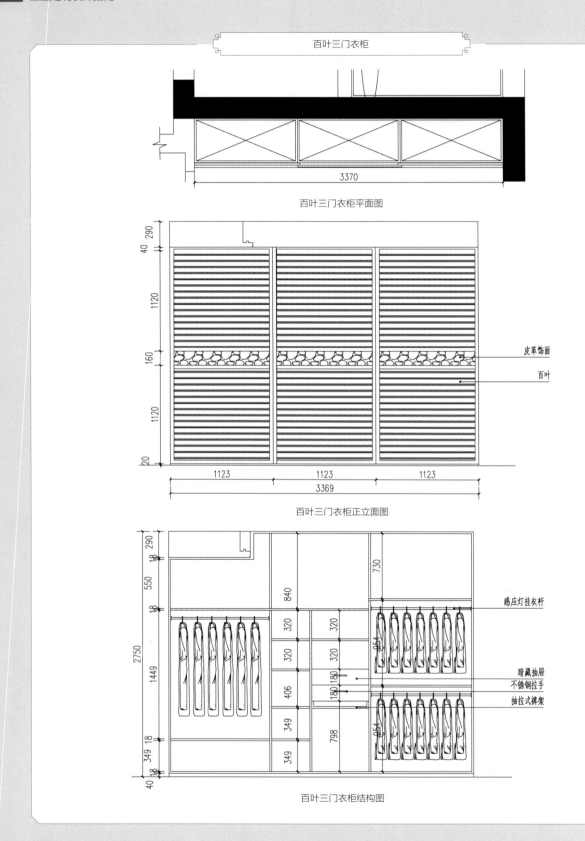

百叶三门衣柜

3370

百叶三门衣柜平面图

皮革饰面

百叶

1123　1123　1123

3369

百叶三门衣柜正立面图

感应灯挂衣杆

暗藏抽屉
不锈钢拉手
抽拉式裤架

百叶三门衣柜结构图

三门衣柜

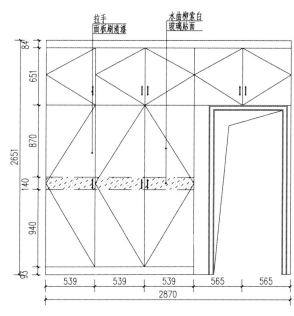

拉手
面板刷清漆

水曲柳索白
玻璃贴面

三门衣柜正立面图

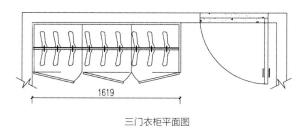

三门衣柜平面图

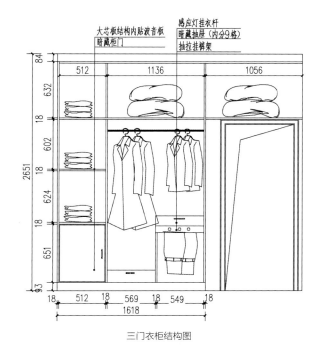

大芯板结构内贴波音板
暗藏柜门

感应灯挂衣杆
暗藏抽屉（内分9格）
抽拉挂裤架

三门衣柜结构图

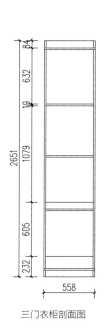

三门衣柜剖面图

四门衣柜

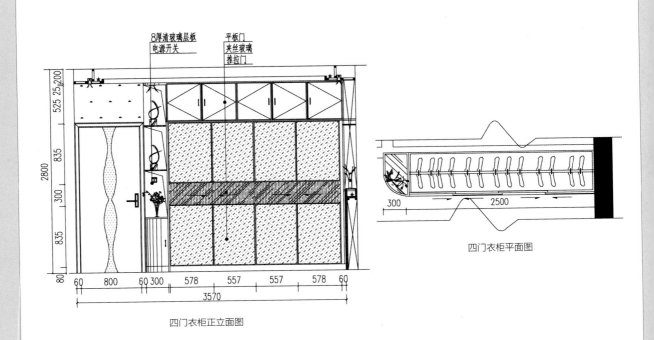

8厚清玻璃层板
电源开关
平板门
夹丝玻璃
推拉门

四门衣柜正立面图

四门衣柜平面图

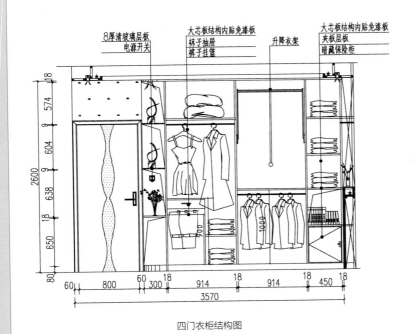

8厚清玻璃层板
电源开关
大芯板结构内贴免漆板
袜子抽屉
裤子挂篮
升降衣架
大芯板结构内贴免漆板
夹板层板
暗藏保险柜

四门衣柜结构图

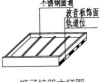

不锈钢圆通
波音板饰面
轨道位

裤子挂篮大样图

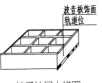

波音板饰面
轨道位

袜子抽屉大样图

转角置物衣柜

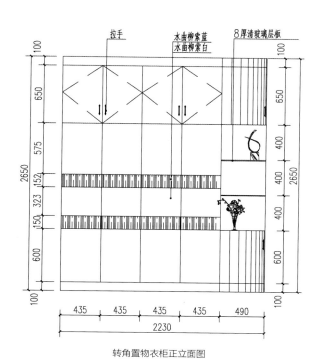

拉手　　　水曲柳索蓝　　8厚清玻璃层板
　　　　　水曲柳索白

转角置物衣柜正立面图

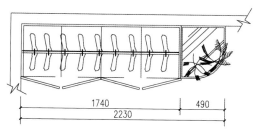

转角置物衣柜平面图

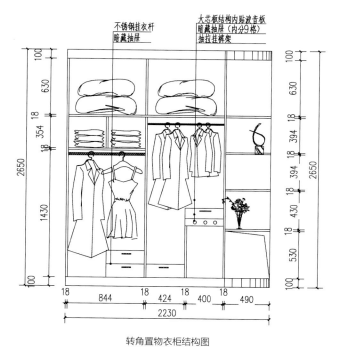

不锈钢挂衣杆　　大芯板结构内贴波音板
暗藏抽屉　　　　暗藏抽屉（内分9格）
　　　　　　　　抽拉挂裤架

转角置物衣柜结构图

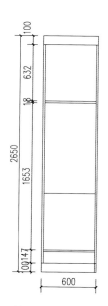

转角置物衣柜剖面图

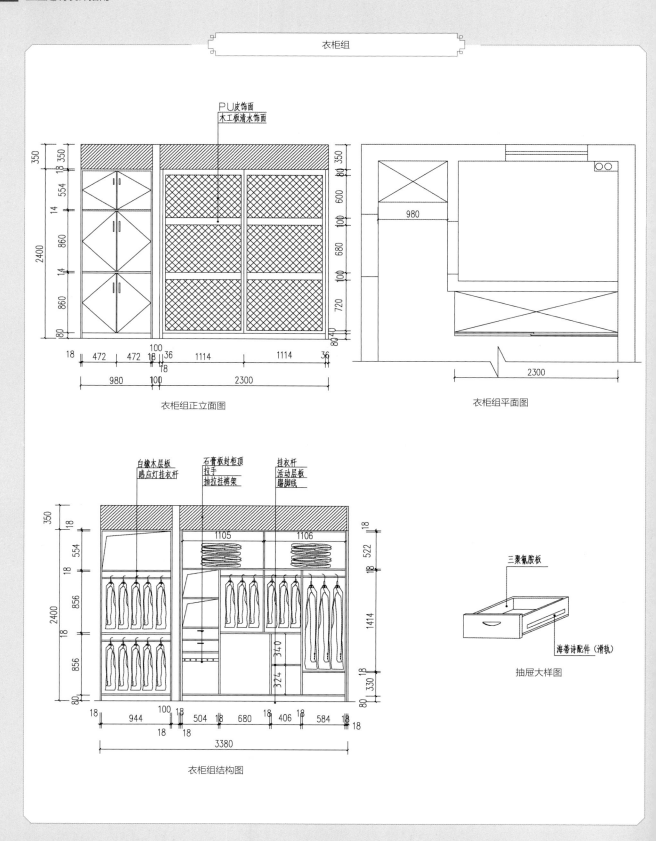

衣柜组

PU皮饰面
木工板清水饰面

衣柜组正立面图

衣柜组平面图

白橡木层板
感应灯挂衣杆

石膏板封柜顶
拉手
抽拉挂裤架

挂衣杆
活动层板
踢脚线

三聚氰胺板

海蒂诗配件（滑轨）

抽屉大样图

衣柜组结构图

内嵌电视衣柜

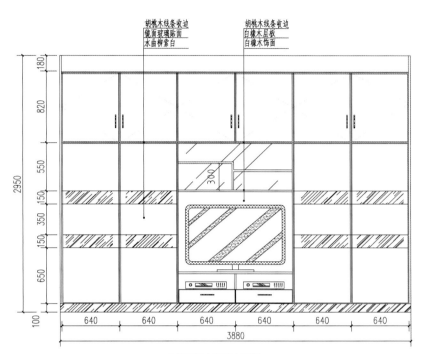

胡桃木线条收边
镜面玻璃贴面
水曲柳索白

胡桃木线条收边
白橡木层板
白橡木饰面

内嵌电视衣柜正立面图

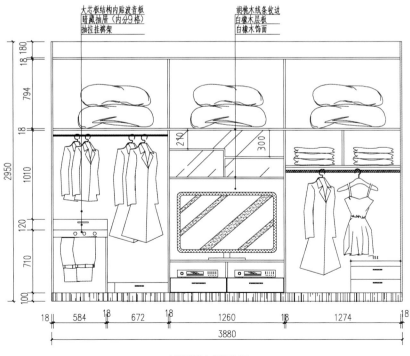

大芯板结构内贴波音板
暗藏抽屉（内分9格）
抽拉挂裤架

胡桃木线条收边
白橡木层板
白橡木饰面

内嵌电视衣柜结构图

到顶衣柜实景案例 ↘

到顶衣柜是从地面一直到顶面的一种衣柜形式，可以充分利用卧室空间。到顶衣柜可以分为两种形式，一种是内置顶柜，采用直接到顶的方法，整体看上去美观大气。另一种是外置顶柜，顶部采用吊柜设计，方便收纳。

材料：实木板材、茶色玻璃、大理石

说明：玻璃与木材有机结合，彰显简洁、大气的品质。

材料： 白色模压板、纤维板

说明： 白色的到顶衣柜同黄色的墙面搭配，可以很好地中和空间的气质。采用了多个抽屉外装的组合形式，能有效整理物品，同时也为衣柜增添了分割的形式美感，使得整体更为灵动。

材料： 黑檀木饰面、木线条、球状拉手

说明： 此衣柜极为方正，线条简洁有力，与其他家具相同的黑檀木基材凸显了衣柜的稳定感，并且形成了协调统一的风格。在上方采用吊柜设计，能够更为简洁顺畅地拿取物品。

材料： 白色模压板、刨花板、木线条

说明： 一柜到顶的白色模压衣柜明净整洁，且因上方有中央空调，所以衣柜高度适中，减少了到顶衣柜的笨重感。

材料： 刨花板、纤维板贴灰蓝色亚光皮、柚木板

说明： 简单几何元素的应用，使得整体极具秩序感。右侧的开放储物格设计也丰富了衣柜的功能，增添了实用性。

材料： 纤维板、刨花板

说明： L 形的白色衣柜简洁肃静，既能为小卧室提供了充足的储物空间，又能利用大面积的白色饰面为卧室打造统一的质感。

材料：刨花板贴白色木纹皮、纤维板

说明：该衣柜由三个部分组成，其功能区可划分为整体衣物储藏、下部玩具储藏、中部陈列、顶部空间储藏。功能区的有机结合让儿童房的空间布局更优化。

材料：实木框架、百叶门

说明：采用木材作为衣柜的主材，纹理自然、质感温润，衣柜的左侧和书桌和置物板相接，营造出和谐、自然、统一的氛围。

材料：白色模压板、纤维板

说明：白色的衣柜和白色的房门相互呼应，同时和绿色的墙面形成了对比。

材料：白色模压板、木线条、刨花板

说明：运用木线条打破衣柜的单调感，百宝格和抽屉的运用也提升了衣柜的实用性。

材料：水曲柳饰面、人造灰皮模压板、镜面

说明：衣柜部分采用和空间相呼应的灰色，使其和空间更好地融合，下方镜面的使用也凸显了趣味性。

材料： 胡桃木饰面图拉门、纤维板

说明： 此衣柜是入墙式设计，柜门的纹理设计在一定程度上弱化了衣柜的单调感。

材料： 磨砂玻璃板、实木板材

说明： 该衣柜运用栅条式的半开放门板和磨砂玻璃板让衣柜整体通透干净，有着丰富的光影变化。

材料： 密度板、刨花板

说明： 该衣柜的别致之处首先在于在床的正上方设计了一排吊柜，为灯带提供了放置的空隙，也增加了储物面积。最后，将设备放置于衣柜中，并用百叶进行遮挡，增强了美观性。

材料： 白色混油、实木拉手

说明： 若空间足够大，则可多设置几个衣柜。图中的衣柜做满了整面墙，从而有了充足的空间储物。

（2）不到顶衣柜

不到顶衣柜设计案例 ↘

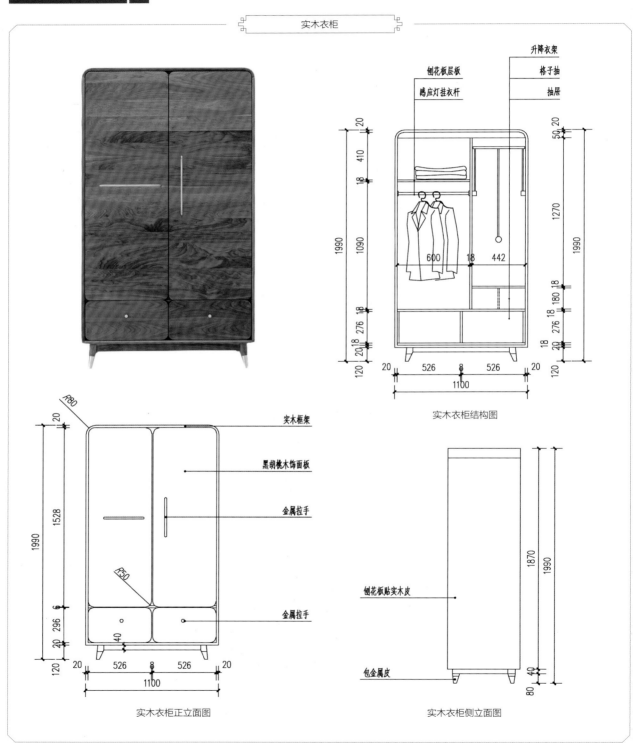

实木衣柜

实木衣柜结构图

实木衣柜正立面图

实木衣柜侧立面图

三门木衣柜

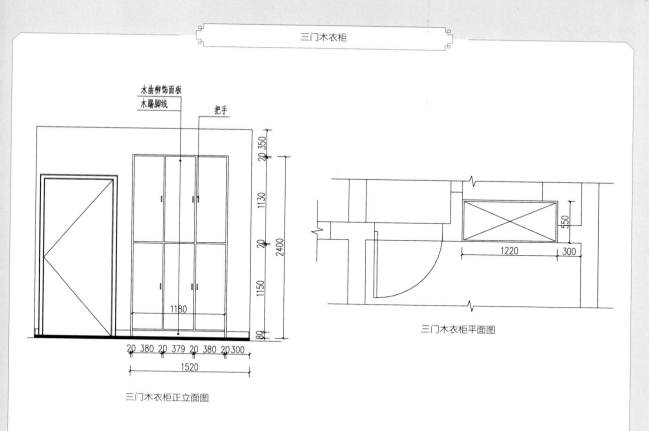

水曲柳饰面板
木踢脚线
把手

350
20
1130
20
1150
2400
80

1180

20 380 20 379 20 380 20 300
1520

三门木衣柜正立面图

550
1220 300

三门木衣柜平面图

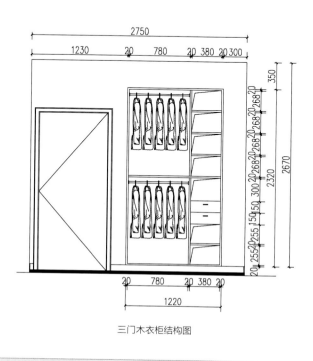

2750
1230 20 780 20 380 20 300

350
2670
2320

20 20
268 20
268 20
268 20
268 20
300 20
150 50
255 20
255 20
255 20

20 780 20 380 20
1220

三门木衣柜结构图

皮质衣柜

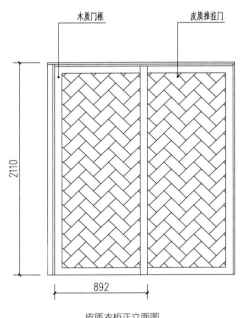

木质门框　　皮质推拉门

皮质衣柜正立面图

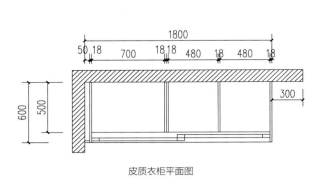

皮质衣柜平面图

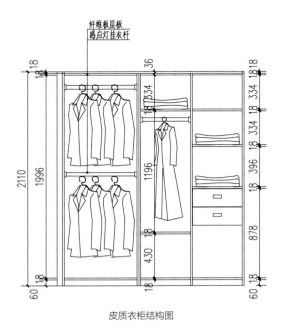

纤维板层板
感应灯挂衣杆

皮质衣柜结构图

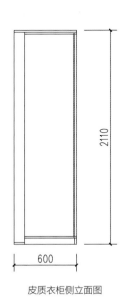

皮质衣柜侧立面图

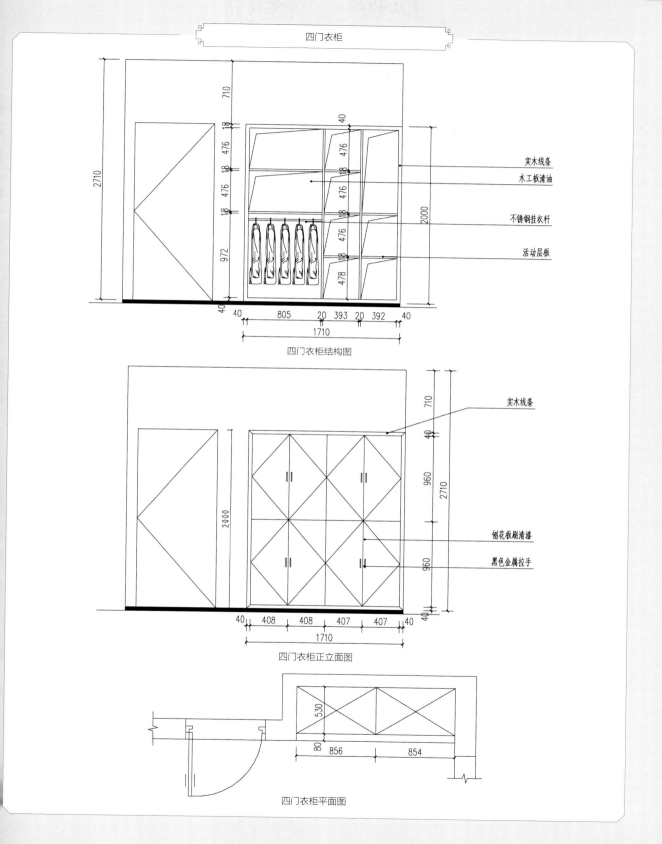

四门衣柜

四门衣柜结构图

实木线条
木工板清油
不锈钢挂衣杆
活动层板

实木线条

刨花板刷清漆
黑色金属拉手

四门衣柜正立面图

四门衣柜平面图

含置物格衣柜

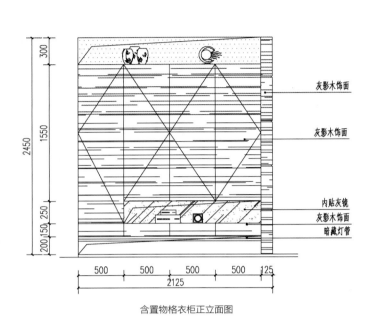

灰影木饰面

灰影木饰面

内贴灰镜
灰影木饰面
暗藏灯管

300
2450
1550
200 150 250

500　500　500　500　125
2125

含置物格衣柜正立面图

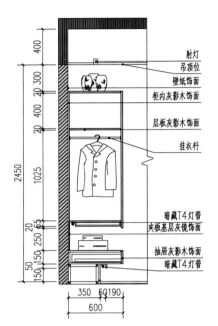

射灯
吊顶位
壁纸饰面
柜内灰影木饰面

层板灰影木饰面

挂衣杆

暗藏T4灯管
夹板基层灰镜饰面

抽屉灰影木饰面
暗藏T4灯管

400
20 300
20 400
20
2450
1025
20 65
50 150 250
50
150

350　60 190
600

含置物格衣柜剖面图

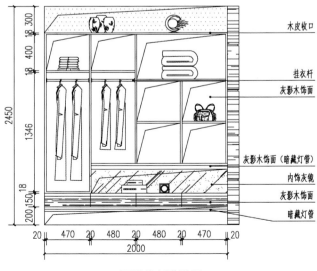

木皮收口

挂衣杆
灰影木饰面

灰影木饰面（暗藏灯管）

内饰灰镜
灰影木饰面

暗藏灯管

18 300
18
18 400
18
2450
1346
18
200 150

20　470　20　480　20　480　20　470　20
2000

含置物格衣柜结构图

装饰推拉门衣柜

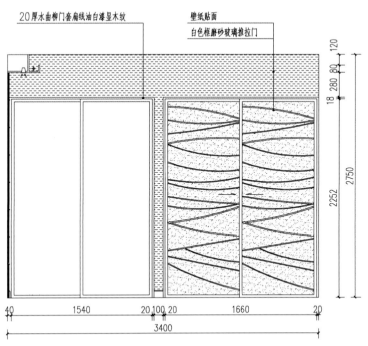

20厚水曲柳门套扇线油白漆显木纹   壁纸贴面
白色框磨砂玻璃推拉门

120
80
18 280 80
2750
2252

40   1540   20 100 20   1660   20
3400

装饰推拉门衣柜正立面图

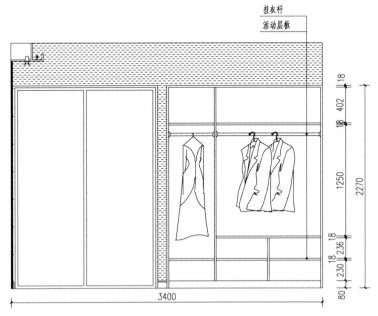

挂衣杆
活动层板

18
18 402
1250   2270
18 236
18
230
80

3400

装饰推拉门衣柜结构图

不到顶衣柜实景案例 ↘

材料： 纤维板、木线条描金漆

说明： 该衣柜是典型的欧式风格，柜脚具有曲线美和稳定感，衣柜的高度适中，因而拿取方便，白色和金色的应用也减少了使用大面积花色造成的繁乱感。

材料： 实木框架、纤维板

说明： 该衣柜及储物和陈列于一体，木色和绿色的撞色设计使得衣柜更有高级感。

材料： 刨花板、纤维板贴实木皮、胶合板

说明： 采用多抽屉，方便收纳和拿取，实木贴面的使用让衣柜材质更为丰富，形式美更突出，一格开放式的储物格也方便使用者拿取较长时间才用的小件物品或是陈列一些装饰物件。

材料： 蜂窝纸芯刨花板、纤维板、镜面

说明： 黑色的衣柜更为简洁、稳重，镜面外置，能更方便地使用。

材料：实木板材

说明：实木质感温润，纹理清晰，色泽庄重亮丽，中式山水画的柜门也能体现居住者的风雅。

材料：刨花板、白色混油、中式配件

说明：现代化的材质和中式的家具样式有机结合，相得益彰，其整体表现更具有时代性。

材料： 纤维板贴木饰面、百叶门板

说明： 暖黄色材质的使用增添了房间的温暖感，且因为该卧室空间整体较小，使用较矮的不到顶衣柜能减少笨重感，让整体空间看起来不过于拥挤。

材料： 纤维板贴膜、刨花板贴膜

说明： 此衣柜将色彩与材质和室内进行统一搭配，条式的柜门让柜体具有韵律感，造型简洁。

材料：白色模压板、纤维板

说明：白色的衣柜看上去虽中规中矩，但和房间的其他家具统一定制，能够达到风格统一的效果。且衣柜较深，可提供较大的储藏空间。

材料：白色模压板、刨花板

说明：由于是全屋定制家具，因而衣柜要和其他家具具有呼应关系，形成有机的整体。衣柜门板采用回字形的模压设计也能改善柜体的单调感，让其具有变化。

材料： 蓝色烤漆板、实木板材、刨花板

说明： 该衣柜采用错落式、叠放的方式让衣柜极显趣味性，白色的塑料拉手和木质材料形成了很好的对比。

3.5.2 衣帽间

1. 衣帽间与人体工程学

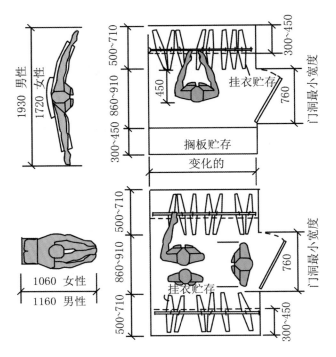

▲ 能进入的壁橱和贮存设施

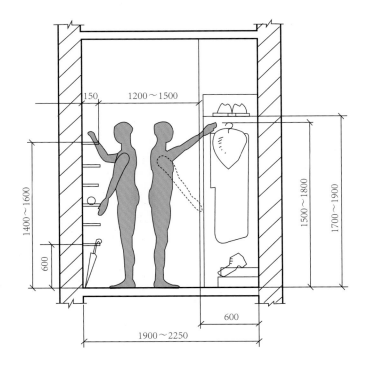

2. 衣帽间分类

（1）独立式衣帽间

独立式衣帽间对住宅面积要求较高，只适合宽敞的大空间。独立式衣帽间的特点是防尘好、储存空间完整、具备完整更衣空间。

（2）开放式衣帽间

开放式衣帽间比较好的形式是利用一面空墙存放物品，不完全封闭。其特点是空气流通好、宽敞，但是防尘性能差。

（3）嵌入式衣帽间

顾名思义，嵌入式衣帽间就是将衣帽间镶嵌在空间合适的地方，这就使得嵌入式衣帽间设计非常适合在小面积的房屋中使用，其特点是面积较小，很容易清洁。嵌入式衣帽间一般是利用房屋的一些难以充分利用的角落，如夹层、走廊等，能很好地利用房屋的空间。

3. 衣帽间设计注意事项

1 当衣帽间尺度不能同时满足人体活动和标准柜深时，应当优先牺牲柜子的深度，保留人体可活动空间。但是即使一部分柜深牺牲掉了，所保留深度应尽量保持在 300mm 以上，这样才能用来储藏、存放其他物品。

2 衣帽间的平面布置方式尽量选取简单的几何图形。为了保证人体活动的便捷，活动空间的形状应当规整（比如矩形、圆形和椭圆形）。

3 在光线较强的空间环境下，选用灰度较深的饰面材料，可以彰显家具的沉稳和空间背景的轻盈、包容度。在光照较差的环境里，选用灰度较浅、反光较强的饰面材料，杜绝空间的沉闷。

4 衣帽间的内部形式根据现有的空间格局，正方形空间多采用 U 形排布；狭长形空间平行排布较好；宽长形空间适合 L 形排布。

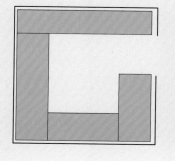
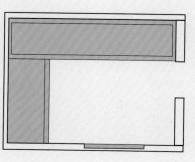
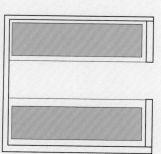

4. 衣帽间案例

衣帽间设计案例 ↘

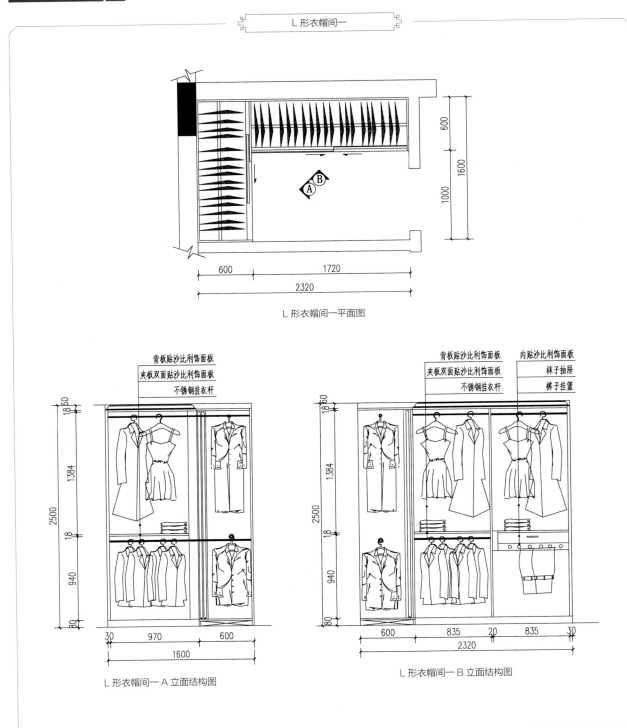

L 形衣帽间一

L 形衣帽间一平面图

背板贴沙比利饰面板
夹板双面贴沙比利饰面板
不锈钢挂衣杆

背板贴沙比利饰面板
夹板双面贴沙比利饰面板
不锈钢挂衣杆

内贴沙比利饰面板
袜子抽屉
裤子挂篮

L 形衣帽间一 A 立面结构图

L 形衣帽间一 B 立面结构图

L 形衣帽间二

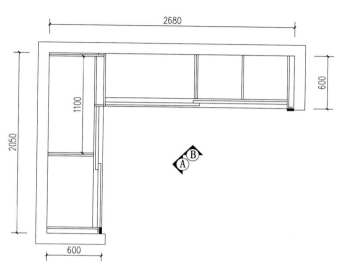

2680

1100

2050

600

600

A B

L 形衣帽间二衣帽间平面图

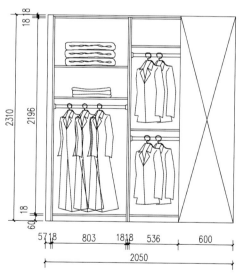

18 18

2310

2196

18

60

57 18   803   18 18   536   600

2050

L 形衣帽间二 A 立面结构图

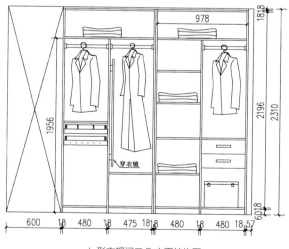

978

1818

1956

2196

2310

穿衣镜

600 18 480 18 475 1818 480 18 480 18 57
60 18

L 形衣帽间二 B 立面结构图

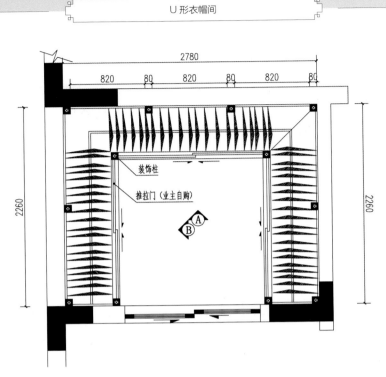

U 形衣帽间

2780
820 80 820 80 820 80

2260

2260

装饰柱
推拉门（业主自购）

U 形衣帽间平面图

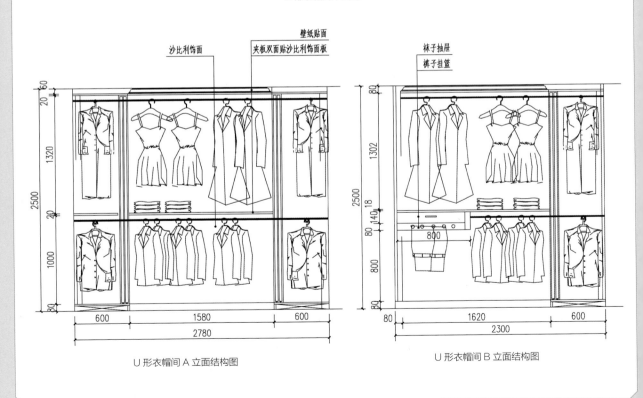

壁纸贴面
夹板双面贴沙比利饰面板
沙比利饰面

60
20
1320
2500
20
1000
80
600 1580 600
2780

U 形衣帽间 A 立面结构图

袜子抽屉
裤子挂篮

80
1302
2500
18
80 140
800
800
80
80 1620 600
2300

U 形衣帽间 B 立面结构图

含鞋柜衣帽间

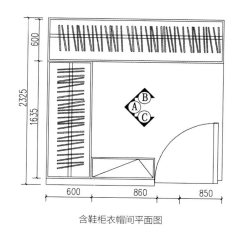

含鞋柜衣帽间平面图

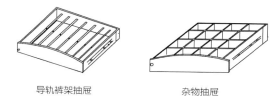

导轨裤架抽屉　　　杂物抽屉

C 立面图

活动层板

C 立面结构图

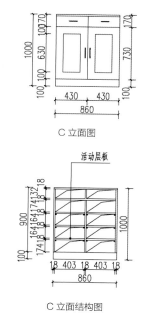

活动层板　　　白山榉饰面
白山榉饰面　　　裤架抽屉

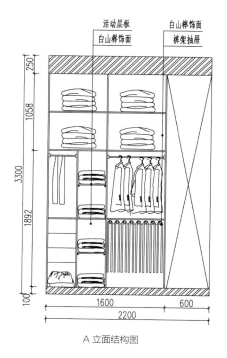

A 立面结构图

白山榉饰面　　　白山榉饰面
裤架抽屉　　　抽屉

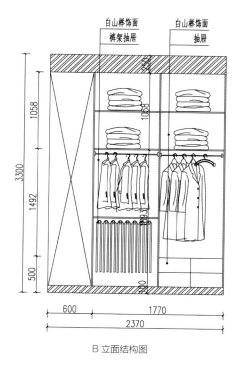

B 立面结构图

衣帽间实景案例 ↘

材料： 刨花板、榉木饰面、铁艺支架

说明： 具有几何形态美的铁艺支架和挂衣杆是设计中的亮点，形成了曲直、线面的对比关系，具有形式美。

材料： 刨花板、模压板

说明： 衣帽间的结构要尽可能的多样化，以满足使用者的多种需求。如增设抽屉、层板、挂衣架等的来提升衣帽间的功能性。

材料： 刨花板、橡木饰面、纤维板

说明： 该衣帽间两边均为玻璃，从而为衣帽间内部提供了些许自然光。储物方式主要为层板，且无明显遮挡，因而较易清洁。

材料： 刨花板贴灰蓝皮、纤维板

说明： 采用 L 形布局，色调清新自然，内部空间宽敞。

材料： 纤维板、刨花板、木线条

说明： 该衣帽间将墙壁充分地利用起来，且运用同一规格的格子单元使得空间利用率达到最高。自然光线的引入让衣帽间显得更为舒适、整洁。

材料：白色模压板、刨花板

说明：该衣帽间属于封闭式衣帽间，四面墙布满了衣柜，适用于别墅衣帽间的设计。

材料：白色混油、刨花板、纤维板

说明：衣帽间的定制化设计需要结合多种功能，如挂衣架、储物柜、抽屉等。储物柜放置在上部或者下部，挂衣架设计在中部，抽屉设计在中部及下部。

材料：白色模压板、刨花板

说明：U形的布局方式最为经济，能够较好地组织动线。

材料：白色混油、纤维板、刨花板、不锈钢支架

说明：悬浮式的白色抽屉与深褐色的背景墙形成了对比，更能凸显柜体。

材料：白色混油、刨花板

说明：通过暗藏灯带为衣帽间提供局部照明是一种很好的方案。

材料：刨花板贴实木皮、纤维板

说明：若卧室空间不够大时，可以采用这种狭长式的家具组织方式，从而形成过道式的衣帽间。

材料：橡木饰面、刨花板

说明：封闭式的衣帽间，可以不设置封闭性强的衣柜，采用布帘或者不设柜门均可。

材料：黑檀木饰面、刨花板

说明：黑檀木饰面的色彩略深，因此衣帽间在设计时要在柜内进行补充照明，可以采用暗光灯带或者感应灯挂衣杆相结合的方式。

材料：白色模压板、纤维板

说明：在不影响衣柜正常使用的情况下，利用衣柜形成异形的区域范围，使得空间具有变化性。

3.5.3 床 + 床头柜

床和床头柜占据着卧室的核心区域，这一区域是能体现客户喜好、个性的区域。为了营造良好的睡眠环境，让人感觉温馨舒适可以通过全屋定制家具的方式来打造个性化家具。

1. 床与人体工程学

（1）床的长度及宽度

定制的床通常情况下长度和宽度是以客户的人体尺寸为标准，可根据下面的公式核算适宜尺寸：

$$L = (1+0.05)H + C_1 + C_2$$

H——使用者身高，$0.05H$ 即较高身材的增长量

C_1——头部放枕尺寸

C_2——脚端折被余量

一般床的合理宽度应为人仰卧时肩宽的 2.5~3 倍。通常单人床的宽度有 900、1000、1200mm，双人床有 1350、1500、1800mm。

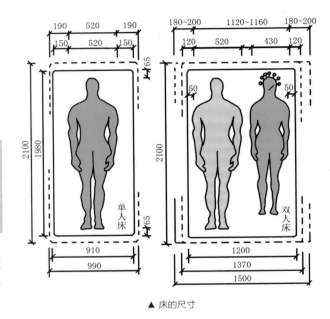

▲ 床的尺寸

（2）床的高度

床的高度一般与椅高一致，通常来说床沿高度以 450mm 为宜，或以使用者膝部做衡量标准，等高或略高 10~20mm 都有益于健康。床如果过高会让人难适应，太矮则易受潮，容易在睡眠时吸入地面灰尘，所以加上床褥厚度以 460~500mm 为最佳。

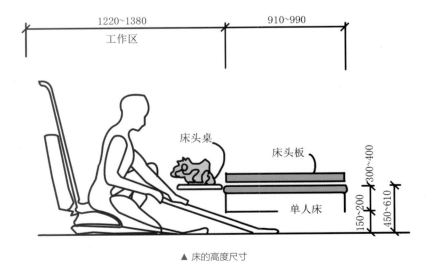

▲ 床的高度尺寸

　　双层床的高度确定时要尽量考虑为下层使用者预留足够的活动空间，使其能在床上完成睡眠前的动作，同时，也要保证上层使用区域的合理性。

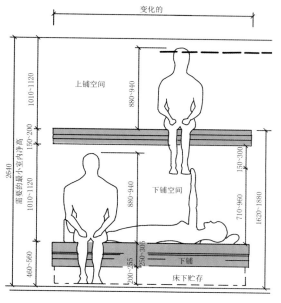

▲ 成人双层床

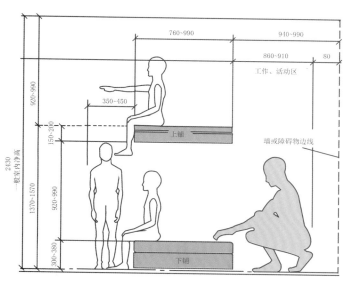

▲ 儿童双层床

2. 床头柜与人体工程学

　　床头柜设置在床头的两边，其主要功能是方便存物取物。贮藏于床头柜中的物品多是使用者需要的物品（如药品等），摆放在床头柜上的则多是为卧室增添温馨气氛的一些照片、小画、插花等。但是，随着床的变化和个性化壁灯设计的发展，床头柜的款式随之更加丰富，装饰作用也更明显了。

（1）床头柜的长度及宽度

　　根据力学原理及人体工程学，国家标准规定的床头柜的宽度为400~600mm，深度为350~450mm。这个范围较为宽泛，因而具体的床头柜尺寸还需根据床的尺寸与床头柜的风格进行设计。

（2）床头柜的高度

　　在设计上床头柜应该要与床协调一致，这样，床和柜可以组合成一个美观实用的整体。在设计床头柜的高度时，要参考床的高度，设计师们通常是以人的膝部为衡量的标准。人上下床的时，在床沿上自然下垂的膝与床等高或是略高出 10~20mm 较为合适。

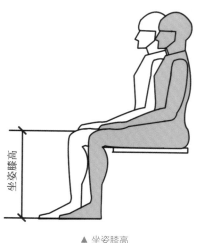

▲ 坐姿膝高

3. 床 + 床头柜案例

床 + 床头柜设计案例 ↘

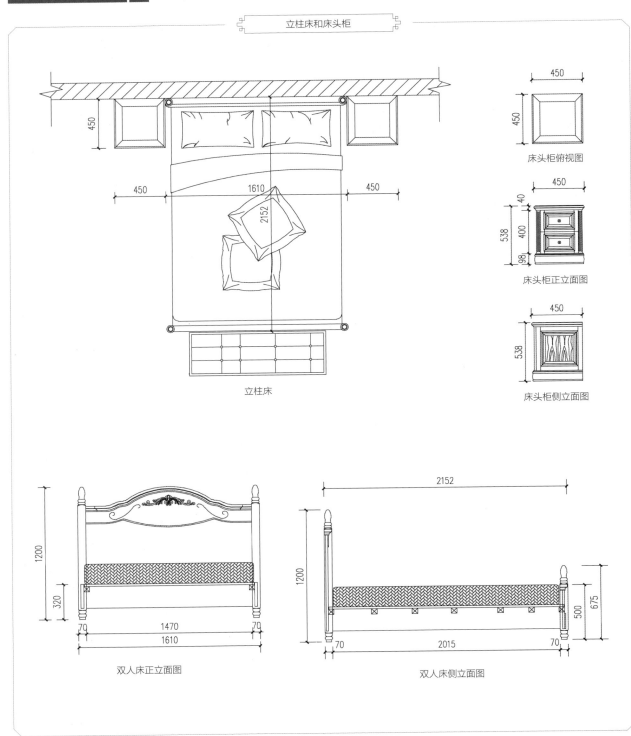

立柱床和床头柜

450

床头柜俯视图

床头柜正立面图

床头柜侧立面图

立柱床

双人床正立面图

双人床侧立面图

欧式双人床

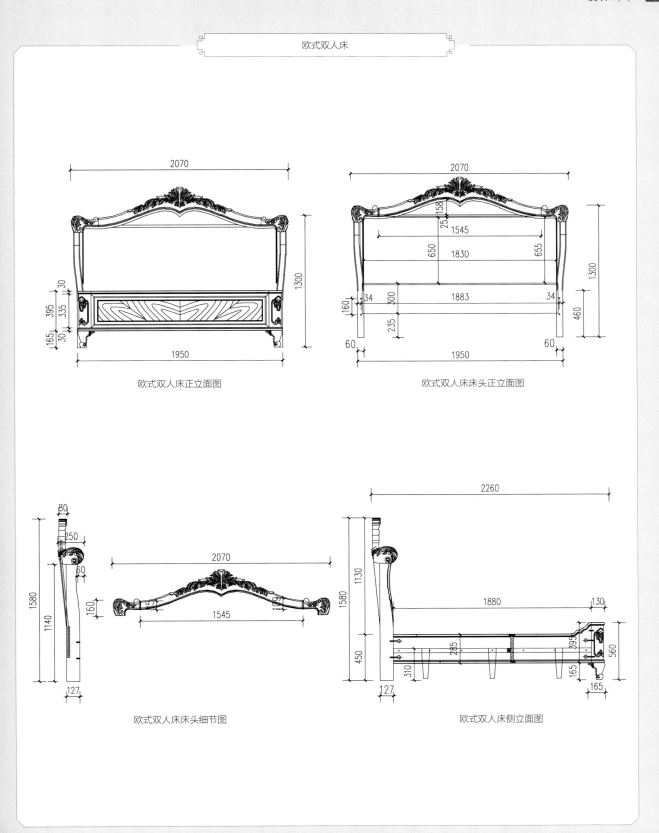

欧式双人床正立面图

欧式双人床床头正立面图

欧式双人床床头细节图

欧式双人床侧立面图

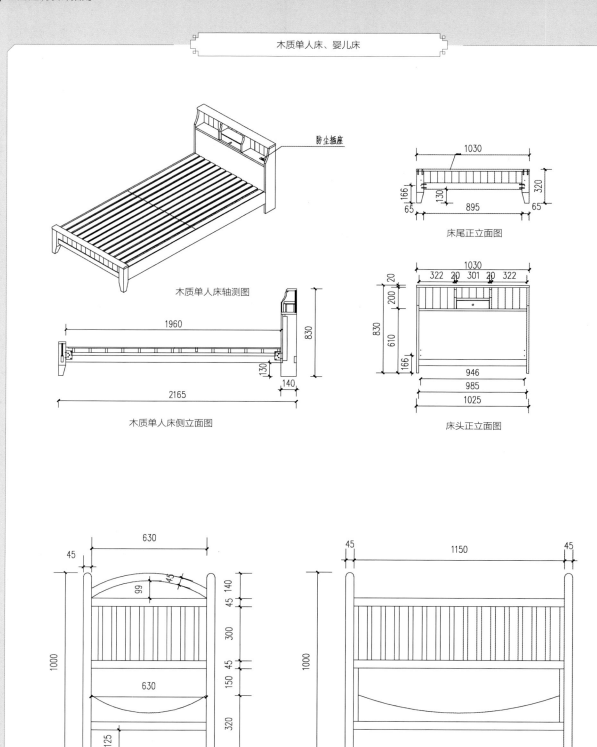

木质单人床、婴儿床

防尘插座

木质单人床轴测图

木质单人床侧立面图

床尾正立面图

床头正立面图

婴儿床正立面图

婴儿床侧立面图

双层床

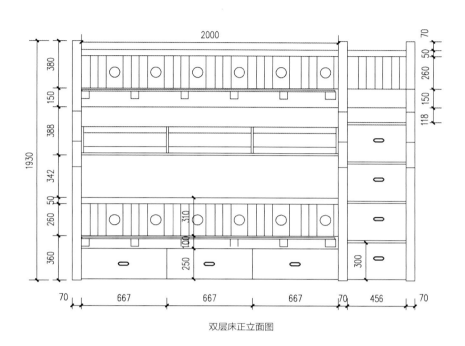

双层床正立面图

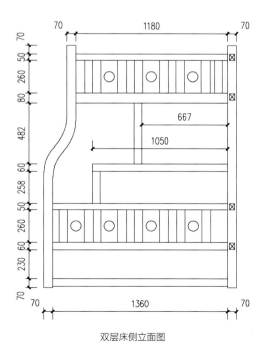

双层床侧立面图

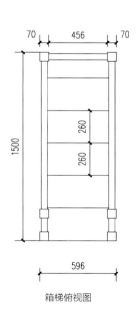

箱梯俯视图

床 + 床头柜实景案例 ↘

材料：皮质软包、刨花板

说明：床头柜左右两边比柜面略高，可以很好的防止物品滑落到床上或者缝隙中，床头和床头柜色调一致，都采用了圆角的元素，相互呼应。

材料：布艺软包、纤维板、刨花板贴实木皮

说明：床头柜采用立体式的抽屉，可提升其装饰性和活跃性，避免定制家具呆板枯燥的特点。

材料：实木地脚、木线条

说明：拱形造型富有浪漫的气息，平时也可搭配帷帐使用，创造氛围。

材料：刨花板、纤维板、实木

说明：镂空的床头柜和衣柜的装饰元素呼应，床具的色彩也与床头柜相匹配。

材料：刨花板、纤维板

说明：将床头柜与搁板进行了一体化设计然后直接接融合了多种功能，能节省卧室面积。

材料：细木工板、麦秸板

说明：床和床头柜造型简单，比较突出的是床头采用绳架时，既能起到装饰作用，也能悬挂一些物品。

材料：：刨花板贴黑色饰面皮

说明：采用布纹背景墙代替传统的床头板，并将床头灯的开关整合在背景墙中，实用美观。床头柜的储物功能较为强大，可将怕落灰的物品放入正方形的小柜盒中。

材料：刨花板贴实木皮、纤维板

说明：粗犷的床头板较为复古，搭配颜色干净的悬空床头柜，形成活泼又不失风情的空间氛围。

材料： 白色混油、刨花板

说明： 简单的几何四柱床和床头柜搭配，极具冲击力。在定制床时，要根据使用者的身体尺寸进行设计，避免床过高或者过低。

材料： 麦秸板、刨花板

说明： 床头柜和床头板采用相同的材质，具有延续性，且此类板材环保，色泽温润自然，很适合用于人长期生活的空间。

材料： 细木工板

说明： 采用栅条式的手法能够很好地渲染自然、田园的氛围。

材料： 白色混油、纤维板

说明： 双层床和娱乐柜相结合，很好地利用了空间，并为儿童提供了丰富的玩耍区域。

材料： 白色混油、
纤维板

说明： 下半部分为
玩耍区域，上半部
分是睡眠区域，因
而相比双层床来说
床板离地的高度可
以适当降低，减少
上下床的不便。

材料： 实木板材、刨花板

说明： 此类成人双层床大多数情况下会选用梯子，但若空间足够，造型适当，用踏步梯也是很好的选择。

材料： 纤维板、刨花板

说明： 灰白色的儿童床搭配浅色地板、墙面，打造出清新自然、干净舒适的空间格调。

3.5.4 梳妆台

梳妆台指用来化妆的家具产品。在设计时需要保证充足的储物空间以及整洁的台面，通常分为单体式和组合式两种形式。

1. 梳妆台与人体工程学

（1）台面长度与宽度

由于梳妆台的功能简单，因而台面不必做得过大，深度达到400~600mm就完全可以满足日常需要，宽度则可以按照家居空间及客户需要进行调整。

（2）台面高度

一般来讲，梳妆台台面到地面的高度是700mm左右。但是梳妆台也分为两种：一种梳妆台采用大面积镜面，使梳妆者可大部分显现于镜中，并能增添室内的宽敞感，这类梳妆台高450~600mm；另一种梳妆台，梳妆者可将腿放入台面下，平时还可将梳妆凳放入台下，不占空间，这类梳妆台的高度为700~740mm。

梳妆台坐凳高度则要根据梳妆台高度进行设计，一般坐着梳妆时，坐凳面要比梳妆台台面低30mm左右。

（3）镜子高度

梳妆台的镜子高度一般是挨着台面垂直摆放的，但是也要根据具体情况进行调整，原则是坐着化妆的时候能清晰地照出人像。如果要达到较为专业的效果，则需要专业的化妆灯。专业化妆灯的照度要求为500lx，色温为4000~4500k，暖白光最佳，光源要均匀不留阴影。

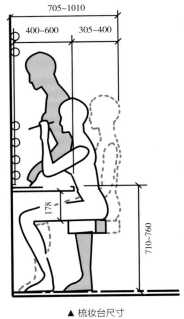

▲ 梳妆台尺寸

梳妆台镜子摆放注意事项

1. 床不对镜。由于镜中会反射图像，因而在夜晚可能会对人造成惊吓，使人的心理状态受到不良影响。
2. 窗不对镜。梳妆台的镜面对着窗户很容易有反光现象，让人无法看清镜中影像，造成使用不便的情况。

2. 梳妆台的摆放

梳妆台高度有讲究，一般来说，卧室中摆放梳妆台，最理想的是与床的坐向保持平行，这样可以有效地避免被镜中的映像吓到。而且如果与床平行，摆放在窗台前，能够照射到阳光，让人产生舒适清爽的感觉。

3. 梳妆台案例

梳妆台设计案例 ↘

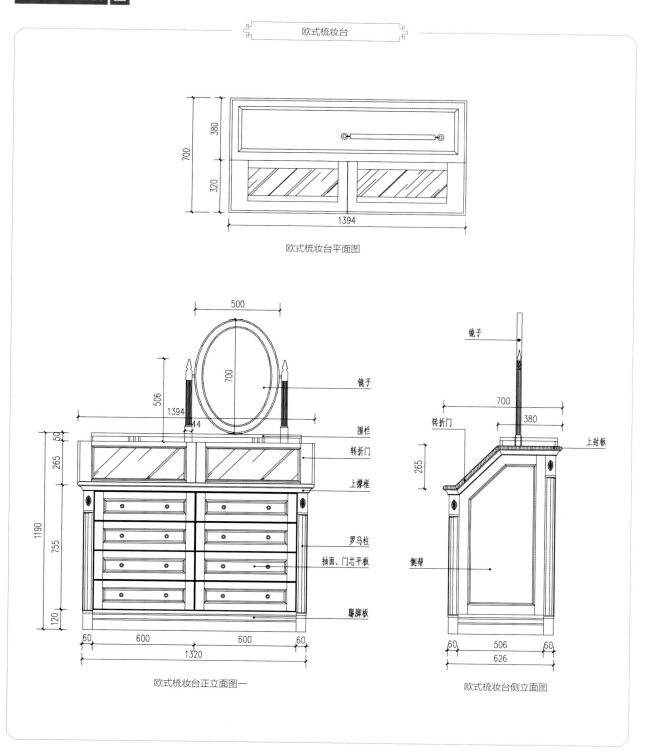

欧式梳妆台

欧式梳妆台平面图

镜子

围栏

转折门

上撑框

罗马柱

抽面、门芯平板

踢脚板

欧式梳妆台正立面图一

镜子

转折门

上封板

侧帮

欧式梳妆台侧立面图

梳妆台和梳妆凳

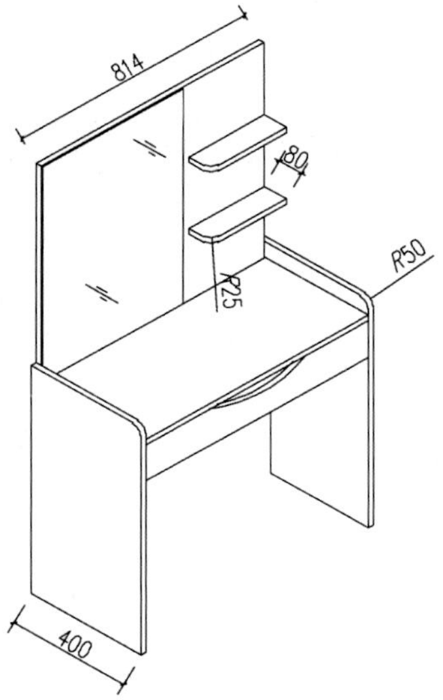

梳妆台一轴测图

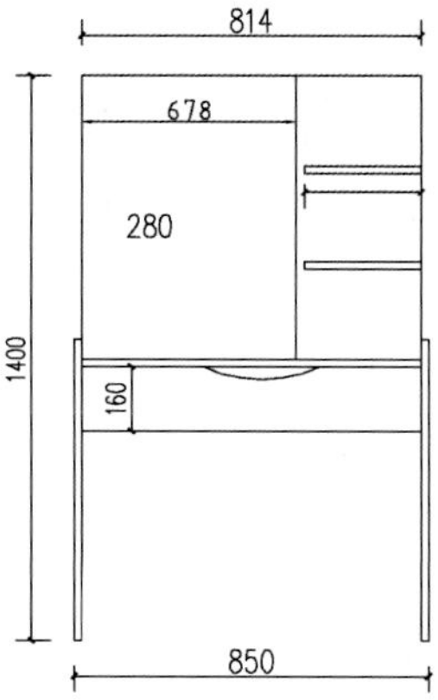

梳妆台一正立面图

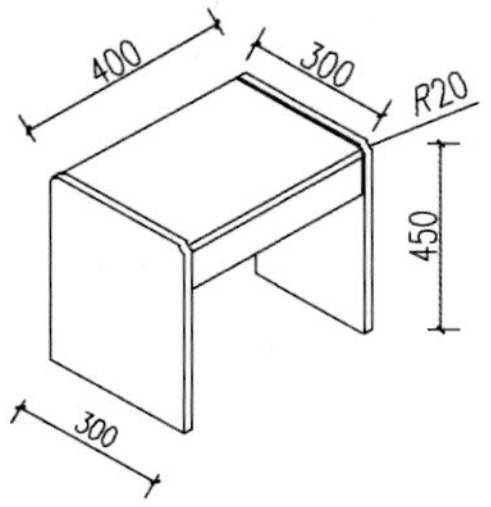

梳妆凳一轴测图

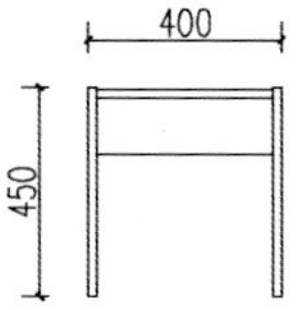

梳妆凳一正立面图

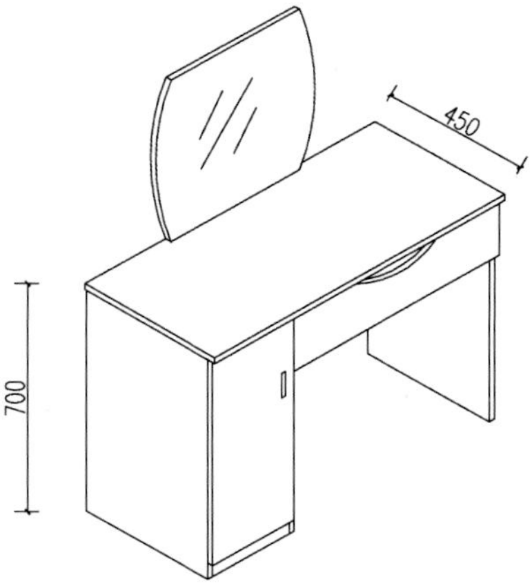

梳妆台二轴测图

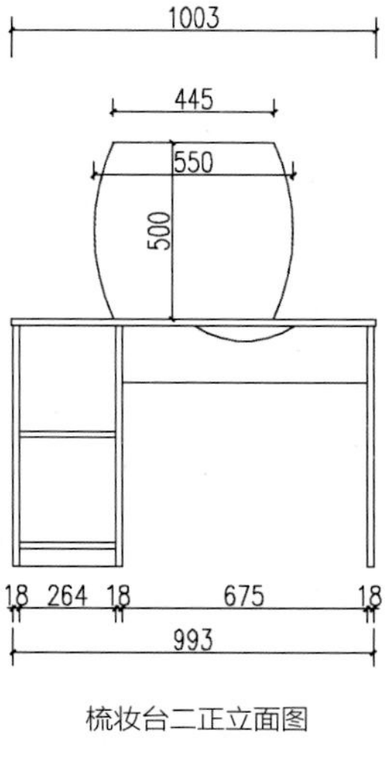

梳妆台二正立面图

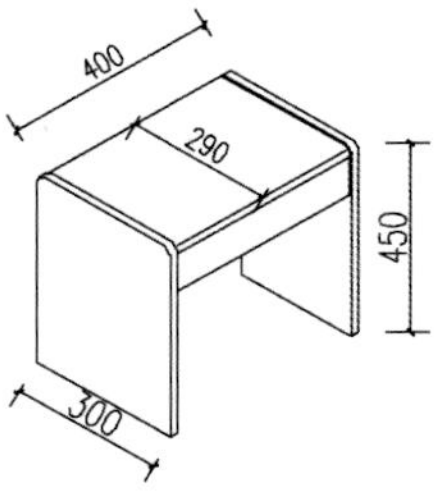

梳妆凳二轴测图

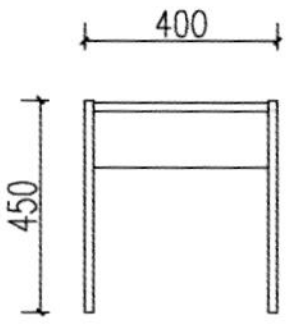

梳妆凳二正立面图

梳妆台实景案例 ↘

材料： 白色模压板、纤维板

说明： 台面上方和下方都有抽屉，可放置小件化妆品，且比较容易拿取。

材料： 刨花板贴实木皮

说明： 此类上翻式的桌面应保持桌面整洁，柜内可以放置物品，且梳妆时便于拿取，十分方便。

材料： 黑檀木饰面、纤维板

说明： 黑檀木饰面颜色稳重、大气，多抽屉的设计也能放置更多梳妆用品。

材料： 红木饰面、纤维板、实木线条

说明： 欧式古典风格的家居中，往往会选择兽腿家具和繁复流畅的雕花。梳妆台和梳妆凳的设计增强了流动感，令家居环境更具质感。

材料： 刨花板、纤维板

说明： 该梳妆台造型简单质朴，无多余的装饰，追求功能合理。镜面悬挂在墙上，所以不占用桌面空间，使桌面上能够放置常用的梳妆物品。

材料： 白枫木饰面、纤维板

说明： 采用悬空式设计，提升了该梳妆台的趣味感。

材料： 黑檀木、纤维板

说明： 台面上方的抽屉和下方的抽屉能够满足简单的梳妆需求，因而此类梳妆台可作为辅助梳妆台使用。

材料： 薄荷绿清油、刨花板、不锈钢支架

说明： 梳妆台色彩淡雅，梳妆凳夸张的造型设计使得整体不再平淡，有着良好的设计感。

3.6 书房空间系统定制

3.6.1 书柜 + 书桌

书柜和书桌椅都是家居生活中的重要家具，在全屋定制家中较为常见的是整体式书柜。一般书柜和书桌组合搭配，外观简洁大方，风格统一。

1. 书桌与人体工程学

（1）桌面尺寸

书桌的桌面宽度较为灵活，通常没有最大限制。书桌的深度一般为500~750mm，这个尺寸既能满足人的阅读需求，也能使人方便拿取最里侧的物品。

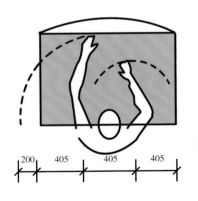

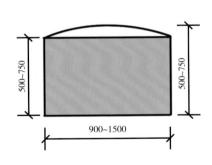

▲ 书桌使用范围尺寸

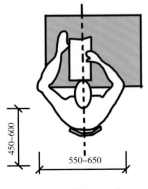

▲ 人阅读时的平面尺寸

（2）桌面高度

按照一般标准，写字台高度应为 750~800mm。考虑到腿在桌子下面的活动区域，要求桌下净高不小于 580mm。靠墙书桌，离台面 450mm 处可设一 100mm 宽的灯槽。上面为书柜或搁板，在书写时可以有效防止灯光眩目，且台面拥有充足光照。座椅应与写字台配套，有条件的最好能购买转椅。座椅高度宜为 380~450mm，以方便人的活动。

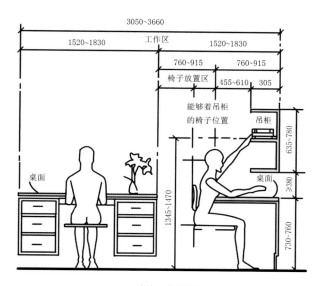

▲ 书桌、书柜尺寸

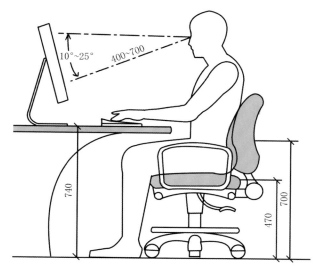

▲ 桌、椅、屏幕相对关系

2. 书柜与人体工程学

（1）书柜尺寸

为了满足基本功能，书柜深度尺寸以 300mm 为宜，通常不超过 400mm，高度不大于 2200mm，通常超过此高度则需要梯子帮助。书架搁板跨度不宜过大，最好在 1000mm 以内，否则放置书籍后很容易产生变形。

（2）格位尺寸

格位的高度需要根据放置的物品进行分格。32 开书层板高度可设置为 240~260mm，放置 16 开书的层板高度可为 280~300mm，大规格的书籍的高度尺寸一般在 300mm 以上，可设置层板在 320~350mm 之间，音像光盘只需 150mm。抽屉高度为 150~200mm。

格位的极限宽度通常不超过 800mm（25mm 厚度的板极限宽度为 900mm），采用实木格板，极限宽度为 1200mm。

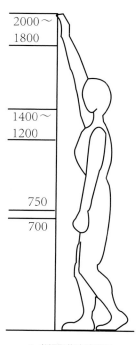

▲ 书柜取物高度分区

3. 书柜 + 书桌案例

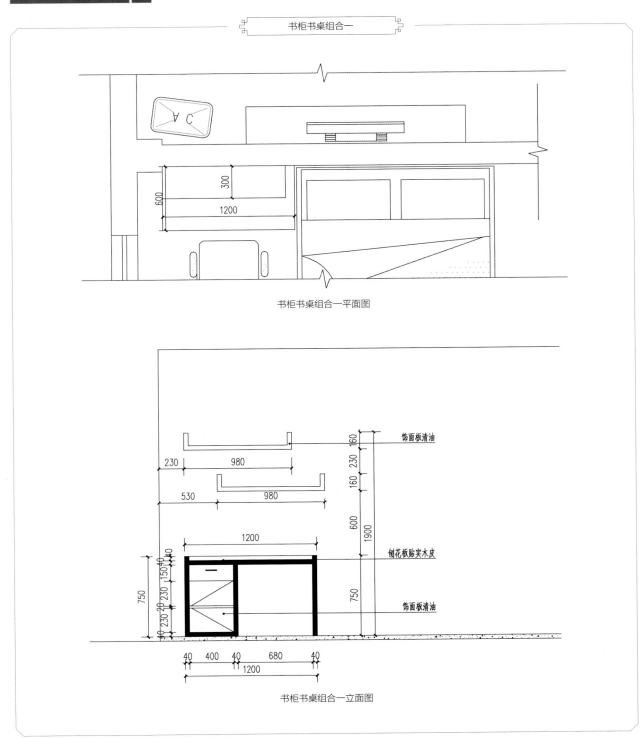

书柜书桌组合一平面图

书柜书桌组合一立面图

书柜书桌组合二

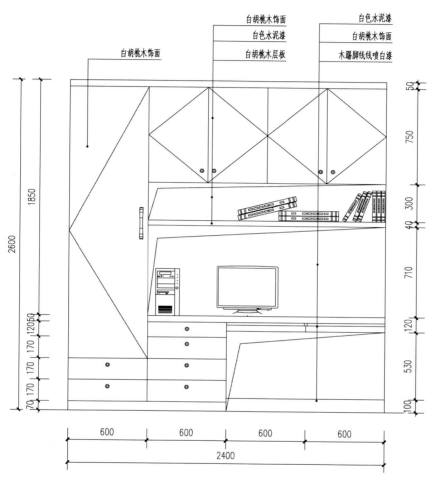

白胡桃木饰面

白胡桃木饰面
白色水泥漆
白胡桃木层板

白色水泥漆
白胡桃木饰面
木踢脚线线喷白漆

书柜书桌组合二立面图

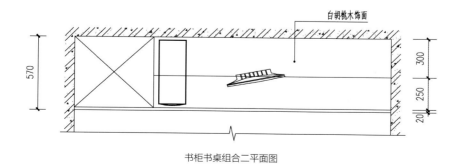

白胡桃木饰面

书柜书桌组合二平面图

书柜书桌组合三

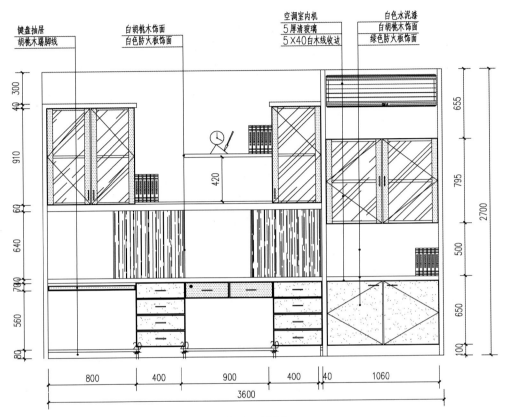

键盘抽屉
胡桃木踢脚线

白胡桃木饰面
白色防火板饰面

空调室内机
5厚清玻璃
5×40白木线收边

白色水泥漆
白胡桃木饰面
绿色防火板饰面

书柜书桌组合三立面图

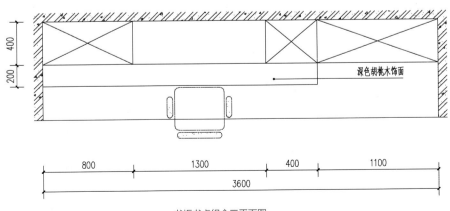

深色胡桃木饰面

书柜书桌组合三平面图

现代简洁书柜

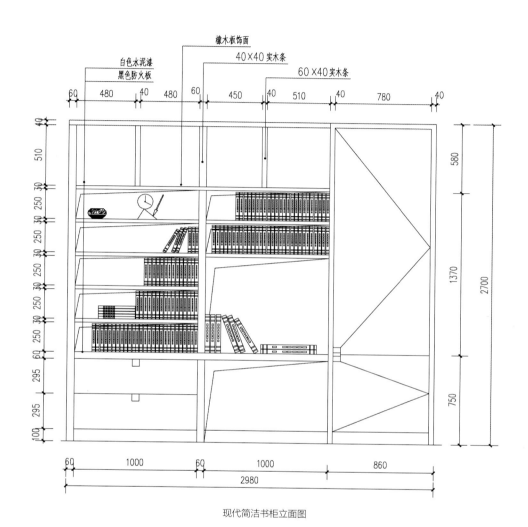

白色水泥漆
黑色防火板
橡木板饰面
40×40 实木条
60×40 实木条

60 480 40 480 60 450 40 510 40 780 40

40
510
30
250
30
250
30
250
30
250
60
295
295
100

580
1370
2700
750

60 1000 60 1000 860
2980

现代简洁书柜立面图

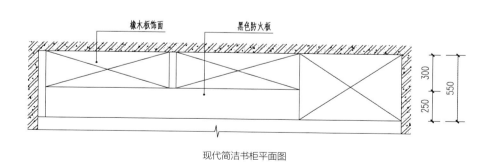

橡木板饰面 黑色防火板

300
550
250

现代简洁书柜平面图

下部半悬空书柜

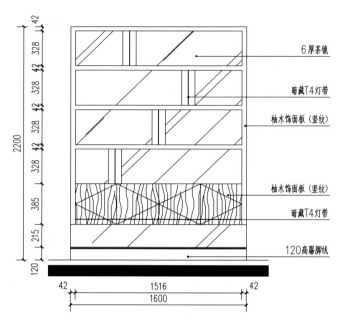

6厚茶镜

暗藏T4灯带

柚木饰面板（竖纹）

柚木饰面板（竖纹）

暗藏T4灯带

120高踢脚线

下部半悬空书柜立面图

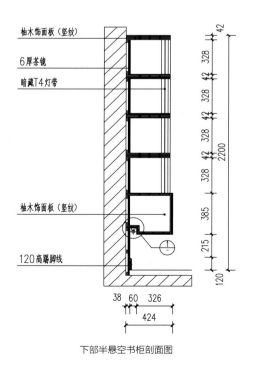

柚木饰面板（竖纹）

6厚茶镜

暗藏T4灯带

柚木饰面板（竖纹）

120高踢脚线

下部半悬空书柜剖面图

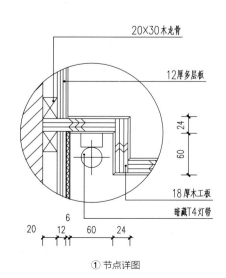

20×30木龙骨

12厚多层板

18厚木工板

暗藏T4灯带

① 节点详图

工业风书柜

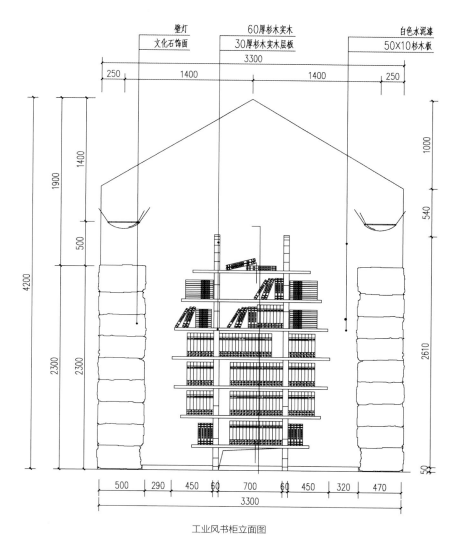

壁灯
文化石饰面

60厚杉木实木
30厚杉木实木层板

白色水泥漆
50X10杉木板

工业风书柜立面图

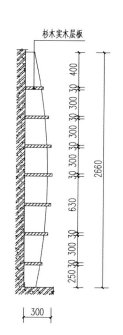

杉木实木层板

工业风书柜剖面图

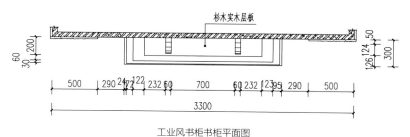

杉木实木层板

工业风书柜书柜平面图

书柜 + 书桌实景案例 ↘

材料：刨花板、人造石台面、白枫木模压板

说明：采用木质的孔板进行小件物品的悬挂整理，白色人造石的台面有较强的坚固度和耐磨度。

材料：：纤维板、蓝色清油

说明：蓝色的板材充满了海洋气息，拱形的书柜也让造型有所变化，不呆板。

材料：纤维板、蓝色混油、橡木

说明：当书房面积够大时，可以将书柜做高做大，书桌选择质感较好的，从而彰显恢宏、大气的品位。

材料： 科定板、白色混油、纤维板

说明： 书柜格位数量多，有足够的书籍放置空间，白色门板有规律的穿插，形成了很好的韵律。

材料： 白橡木饰面、
纤维板

说明： 狭长式的书
房，墙面的书柜设
计尽量采用颜色较
浅的木饰面，从而
避免大面积的深色
带来的压抑感。

材料：白色混油、柚木、刨花板

说明：书柜呈现错落的形态，极具装饰性，且生产安装工艺不复杂。

材料：白色混油、松木饰面板、刨花板

说明：将书房中的床、书柜、书桌进行一体化设计，转角的书桌能够满足多人同时使用的需求。

材料：纤维板贴黑檀木饰面、橡木

说明：满墙书柜的设计充分利用了书房空间，书桌也设计为可折叠式的，在不用时，能够让书房看起来更宽敞。

材料： 纤维板贴实木皮、不锈钢支架、纤维板贴黑色皮

说明： 使用皮和木两种材质搭配，并采用顶部固定的支架来固定书架搁板，整体自然而原始。

材料： 橡木、白色混油、纤维板

说明： 书柜采用到顶的形式，并将书桌整合到书柜中，内部为木结构，外侧设计了白色混油面板，可对书籍起到保护作用。

材料： 木纹饰面板、纤维板

说明： 此书柜在设计时需要仔细掌握背景墙的细节，以使其能嵌入坡屋顶下的空间中。

材料： 木纹饰面板、纤维板、铁艺支架

说明： 使用黑色的铁艺金属管作为支架，风格粗犷。层板和书桌色调偏重，融合得很好。

材料： 纤维板贴皮

说明： 书柜和书桌本身的结构和造型都极为简单，壁纸的选择使其脱颖而出，最后的效果也颇为独特。

材料： 刨花板贴实木皮、纤维板

说明： 吊柜、格位、抽屉的组合，扩展了实用性，开放式和封闭式的置物单元并存，也增加了使用便捷性。

材料： 纤维板、白色混油、木线条

说明： 巧妙地将层板嵌入墙体，并利用木线条造景，形成小窗式的既视感。层板设计为可活动的，使用起来自由灵活。

3.6.2　榻榻米

1. 榻榻米与人体工程学

（1）桌面尺寸

　　榻榻米的升降桌一般为成品，有电动和手动之分，使用者可以根据自己的喜好调节相对位置，以达到使用舒适的状态。若不设升降桌，可设置活动小桌，桌面高度以 350~400mm 为宜，若将双腿置于桌下，则桌面的宽度通常要达到 750mm 以上，具体尺寸需根据使用者的身高决定。

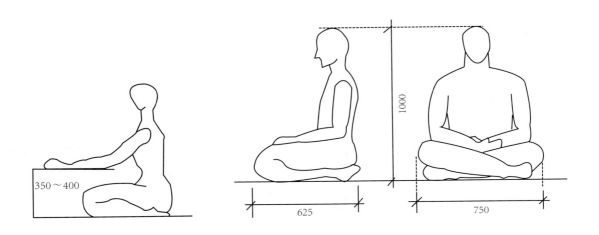

（2）柜体、搁板尺寸

　　若榻榻米上方设置搁板，则搁板距离榻榻米台面的最小高度为 750mm，以避免头部撞击到搁板。

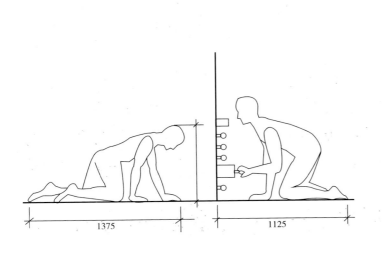
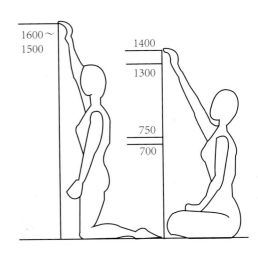

2. 榻榻米设计注意事项

 榻榻米地台有高度,如果室内高度达不到 2.8m,建议不要做成榻榻米。如 Loft,阁楼这样的地方做榻榻米,会产生空间压抑的感觉。

 在板材处理时,要做好防虫。在装修榻榻米之前做防水测试,看其是否有渗漏出现,如果有,则居室的防水层需要重新铺设。

 榻榻米设计时要注意面板的承重能力,下层储物空间过多会影响地台的结构,造成不稳固的现象产生。

3. 榻榻米材料清单

项目	分类		备注
框架部件	床板		
	抽面		
	脚线		
	收口条		
	档条		调整高度
地台(箱体)	龙骨	适用于地台低于 300mm,井字形	
	箱体	侧板	
		底板	
		背拉板	
抽屉	抽侧板		需要开槽
	底板		
升降台	升降台		
台面	台面		
	台面边板		
五金	铰链		
	拉手		尽量选择隐藏式
	导轨		
榻榻米垫			可直接购买成品

4.榻榻米案例

榻榻米设计案例 ↘

榻榻米一

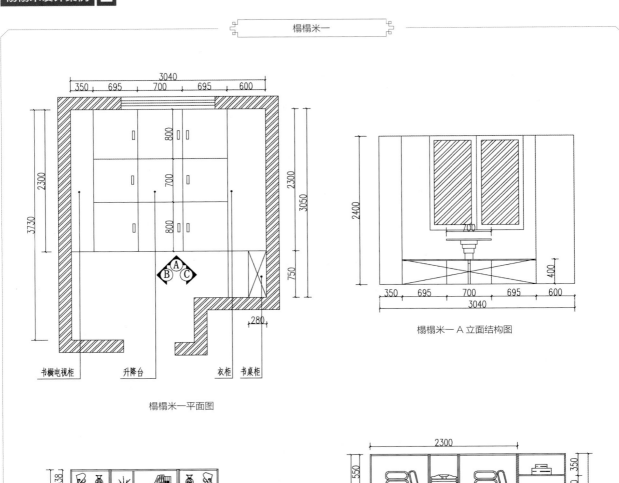

榻榻米一平面图

榻榻米一 A 立面结构图

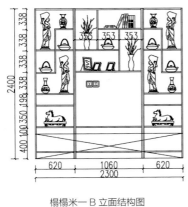

榻榻米一 B 立面结构图

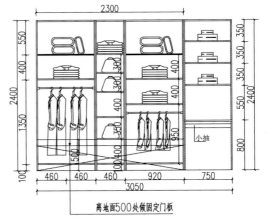

榻榻米一 C 立面结构图

榻榻米二

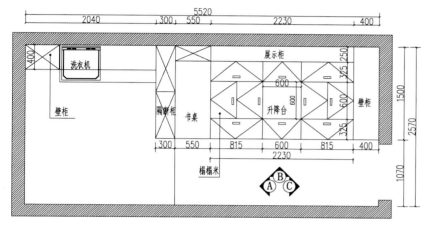

榻榻米二平面图

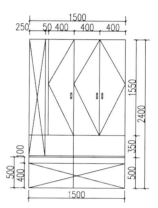

榻榻米二 A 立面图

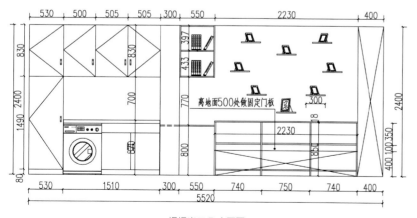

榻榻米二 B 立面图

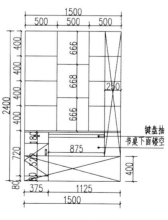

榻榻米二 C 立面图

榻榻米三

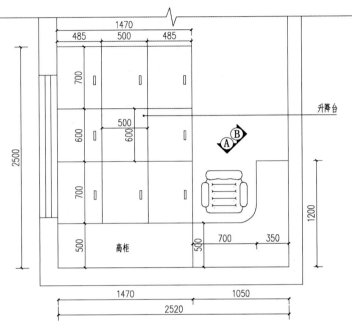

榻榻米三平面图

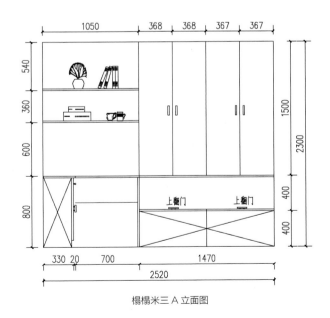

榻榻米三A立面图

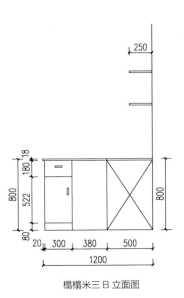

榻榻米三B立面图

榻榻米四

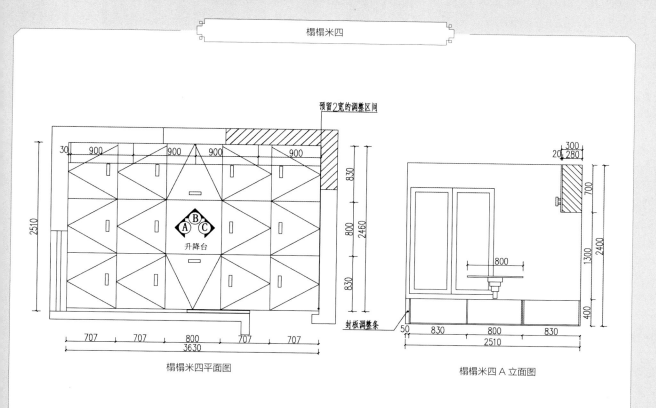

榻榻米四平面图

榻榻米四A立面图

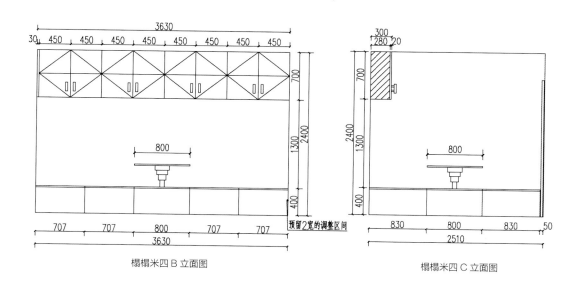

榻榻米四B立面图

榻榻米四C立面图

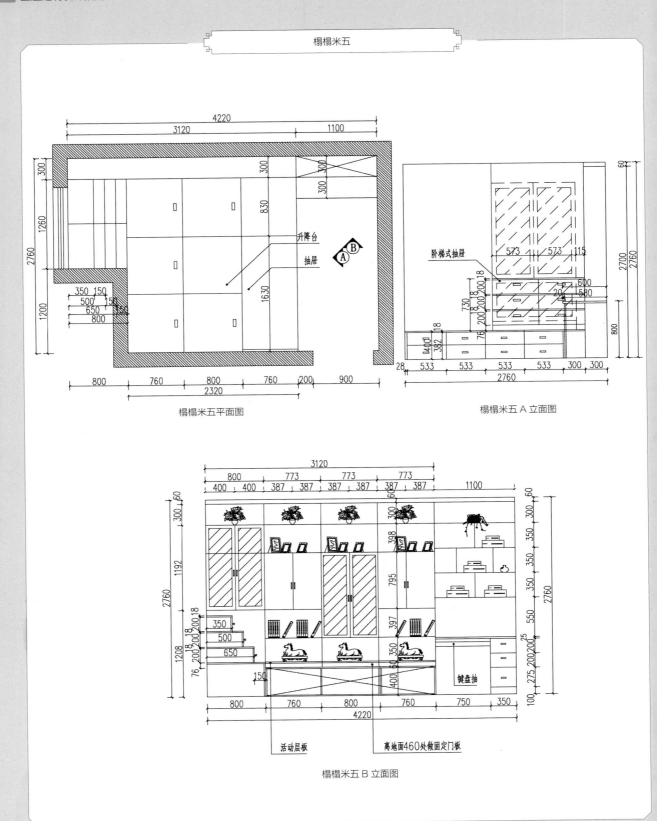

榻榻米五

榻榻米五平面图

榻榻米五 A 立面图

升降台
抽屉

阶梯式抽屉

榻榻米五 B 立面图

活动层板

离地面460处做固定门板

键盘抽

榻榻米六

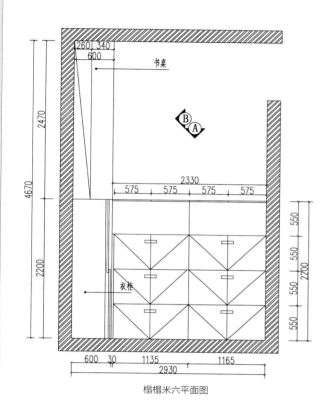

榻榻米六平面图

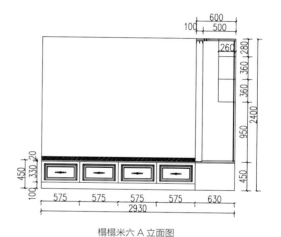

榻榻米六 A 立面图

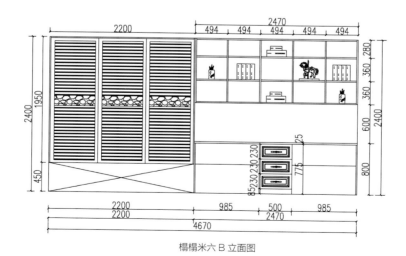

榻榻米六 B 立面图

榻榻米实景案例 ↓

材料：樟子松板材、刨花板

说明：榻榻米搭配使用木质隔断不仅分割了空间，而且有着浓郁的自然气息。

材料：樟子松板、枫木板、刨花板

说明：使用樟子松板材做榻榻米的箱体会有淡淡的香气，具有日式气息的抽屉和推拉柜门的选择和榻榻米相得益彰。

材料： 刨花板、纤维板

说明： 该榻榻米形式简单，地台较低，一侧设计有衣柜，便于储物。

材料： 刨花板贴实木皮、纤维板

说明： 榻榻米中部设计有升降台，地台内部都可储物。

材料： 刨花板贴实木皮、纤维板

说明： 书房较小时，榻榻米是提高空间利用率的良好的选择。

材料： 樟子松、刨花板贴实木皮

说明： 地台部分略微升起，因不设箱体可直接采用地板铺设，地台上安置小方桌可供休闲娱乐。

材料： 松木、刨花
板贴实木皮

说明： 较深的地板
和较浅的榻榻米形
成了深浅对比，用
颜色区分了空间。

材料：樟子松木板材、生态板

说明：将地台部分设计成阶梯样式，墙壁处通过镜面来丰富书房的空间形式。

材料：白色模压板、刨花板

说明：该榻榻米地台下方有抽屉，具有较大的储物空间，避免室内因放置过多家具显得繁杂。

材料： 松木、刨花板

说明： 该榻榻米不设升降桌，直接留出了可供六人使用的桌子洞口。但由于榻榻米的不可更改和不可移动性，在定制时一定要事先沟通好。

材料： 松木、刨花板、人造石台面、白色混油

说明： 该榻榻米比较巧妙的一点是，在地台中暗藏了一张较小的单人床，增大了空间利用率。书桌设置在窗口附近，也可以将自然光引入，有助于阅读。

材料： 刨花板、白色混油

说明： 榻榻米做成高地台的形式，可以储物，榻榻米尾部则设计了较浅的书柜，灵活地利用了墙壁空间。

材料： 白枫木、刨花板

说明： 将原始的木色充分展现，且把榻榻米部分置于房间最深处，既节省了空间也保证了光照充足。

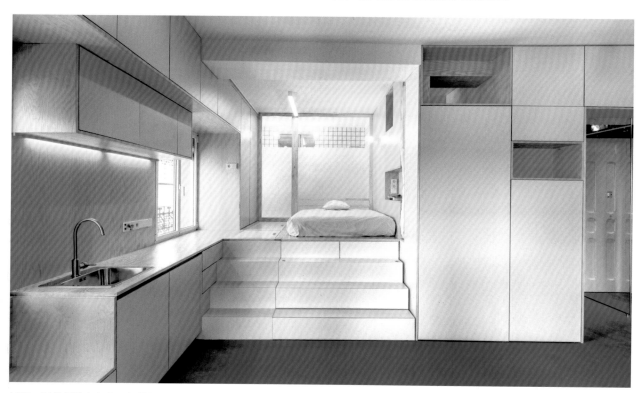

材料： 刨花板贴实木皮、纤维板、清漆

说明： 通过一体化的定制，可以利用踏步的方式步入榻榻米空间，并提供了充足的柜体储藏空间。

3.7 厨房空间系统定制

厨房空间中定制的家具主要是整体橱柜，整体橱柜是由橱柜、电器、燃气具、厨房功能用具四位一体组成的橱柜组合，相比一般橱柜，整体橱柜的个性化程度可以更高，可以根据不同需求实现厨房工作每一道操作程序的协调，并营造出良好的家庭氛围。

1. 橱柜设计原则

厨房是住房中使用频繁、家务劳动集中的地方。厨房橱柜的定制的具体空间布局应根据人在厨房内的需求，也就是厨房需要具备的功能来规划，具体原则有三项。

（1）丰富的储存空间

一般家庭厨房都尽量采用组合式吊柜、吊架，合理利用一切可贮存物品的空间。组合柜橱常用下面部分贮存较重较大的瓶、罐等物品，操作台前可延伸设置存放油、酱、糖等调味品及餐具的柜、架，煤气灶、水槽的下面也都是可利用的存物场所。

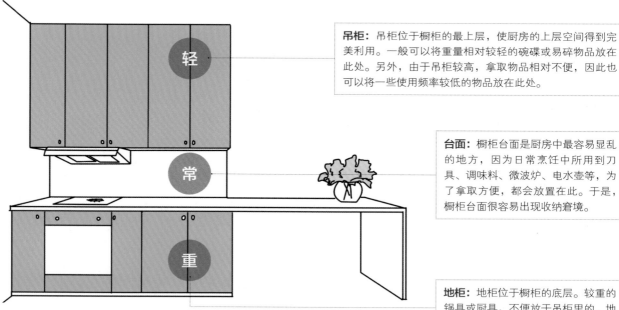

吊柜：吊柜位于橱柜的最上层，使厨房的上层空间得到完美利用。一般可以将重量相对较轻的碗碟或易碎物品放在此处。另外，由于吊柜较高，拿取物品相对不便，因此也可以将一些使用频率较低的物品放在此处。

台面：橱柜台面是厨房中最容易显乱的地方，因为日常烹饪中所用到刀具、调味料、微波炉、电水壶等，为了拿取方便，都会放置在此。于是，橱柜台面很容易出现收纳窘境。

地柜：地柜位于橱柜的底层。较重的锅具或厨具，不便放于吊柜里的，地柜便可轻而易举地解决这一难题。

（2）足够的操作空间

在厨房里，要洗涤和配切食品，要有搁置餐具、熟食的周转场所，要有存放烹饪器具和佐料的地方，以保证基本的操作空间。现代厨具生产已走向组合化，应尽可能合理配备，以保证现代家庭厨房拥有齐全的功能。

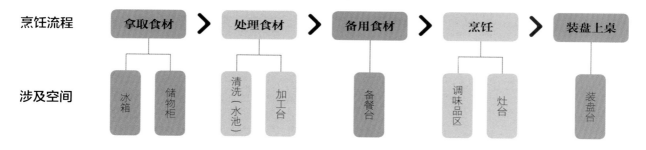

（3）充分的活动空间

厨房里的布局是顺着食品的贮存和准备、清洗和烹调这一操作过程安排的，应沿着三项主要设备即炉灶、冰箱和洗涤池组成一个三角形。因为这三个功能通常要互相配合，所以要安置在最适宜的距离以节省时间和人力。这三边之和以 3.6~6m 为宜，过长和过小都会影响操作。

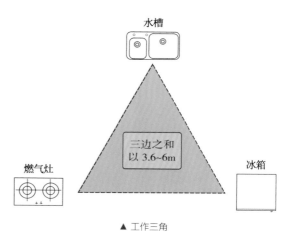

▲ 工作三角

2. 橱柜与人体工程学

（1）台面

设计高度时需要与家里做饭的成员的身高结合起来，通常来说操作台的高度在主要操作人员的手肘之下 100~150mm 的高度较为合适。水槽的离地高度以手指可以接触到水槽底部为主，要是太高的话容易让人感觉到疲劳，太低时腰部会感到疼痛。

（2）地柜

存放小件物品的地柜尽量采用抽屉或者拉篮的形式，使操作者无需下蹲就可以方便拿取物品，减少人在厨房空间劳作时的疲劳感。

（3）吊柜

吊柜的深度不宜过深，否则会给人造成太靠近脸部的感觉。根据人体工程学，可以把吊柜的使用根据人的取物方式划分为三种形式，即站姿、踮脚、借助工具。因为越高的位置越不好拿取，因而可以在其中设置几个搁板，将物品置放在吊柜下方。

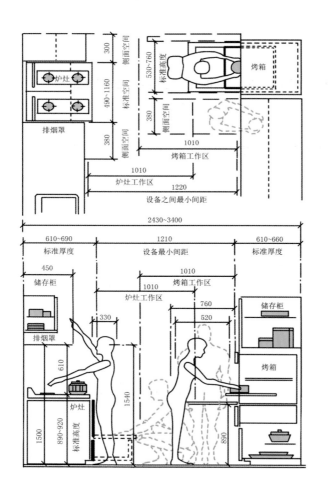

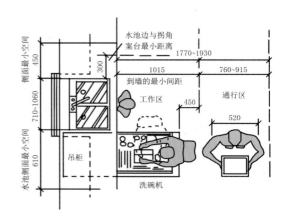

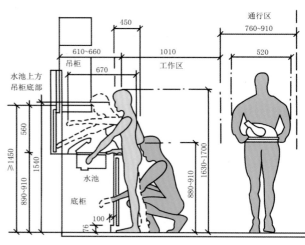

3. 橱柜功能分区

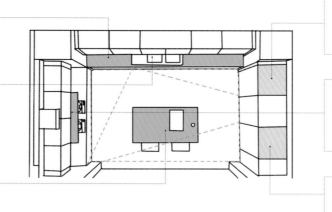

备餐区：视为烹饪做准备的区域，主要是食品加工、切菜、配菜

洗涤区：主要的功能是洗菜、洗碗，涉及的主要设备是星盆、垃圾桶、洗碗机等

用餐区：通过图示分析操作步骤会发现，在厨房中操作时，在洗涤区和烹饪区的往复最频繁，应把这一距离调整到1.22~1.83m较为合理

生鲜区：主要是储存食物的区域，一般冰箱所在的区域

烹饪区：是烹调食物的主要区域，需配置燃气灶、抽油烟机、调味品储物区

熟食区：是存放熟食或加工烤制食品的区域

4.橱柜的常见布局

（1）一字形橱柜

一字形橱柜呈一字形长条布置，适用于小户型的厨房中，也适用于餐厨结合的开放式厨房，比较节省空间。

（2）二字形橱柜

二字形橱柜布局就是操作平台位于过厅两侧，要求厨房有足够的宽度，以容纳双操作台和走道。直线行动较少，需要操作者转 180°，也由于设备的增多，储藏量明显增加。

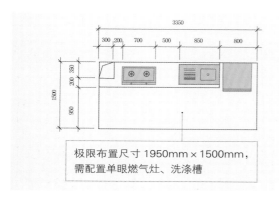

▲ 一字形橱柜适宜的布置方式

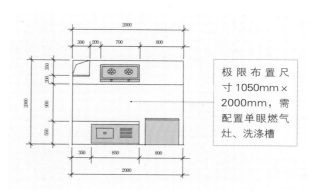

▲ 二字形橱柜适宜的布置方式

（3）L 形橱柜

L 形橱柜使整个厨房的设计比例呈现 L 形布局，在两个完整的墙面上布置连续的操作台，是一种比较常见的布置形式，适用于狭长型、长宽比例大的厨房。

（4）U 形橱柜

U 形橱柜是双向走动双操作台的形式，是实用且高效的布置形式。利用三面墙来布置台面和柜体，适用于宽度较大的厨房。在厨房面积不大时，将水槽放置在 U 形底部，准备区和烹饪区放置在两侧，形成工作三角。

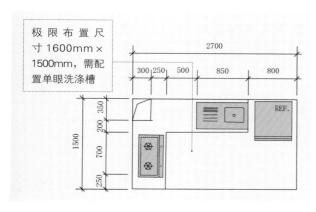

▲ L 形橱柜适宜的布置方式

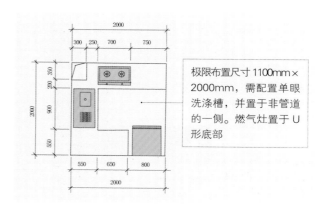

▲ U 形橱柜适宜的布置方式

（5）岛形橱柜

岛形橱柜一般是在一字形、L 形或者 U 形橱柜形式的基础上加以扩展，中部或者外部设有独立的工作台，呈现岛状。中间的岛台上设置水槽、炉灶、储物或者为就餐用的餐桌和吧台等设备。经常是西方开放式厨房采用的布局，厨房的深度和宽度要够，对面积的要求较高。

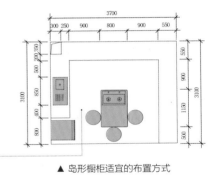

岛形橱柜布局较为自由，尺寸较为灵活

▲ 岛形橱柜适宜的布置方式

5. 橱柜材料清单

项目	构成	备注
柜体	吊柜	
	地柜	
	中、高立柜	
	装饰柜	
橱柜门		按材料可详细划分为实木门、铝合金门、玻璃门、卷帘门
装饰板件	搁板	
	顶板	
	顶线	
	顶封板	
	背墙饰	
台面		按材料可详细划分为人造石台面、防火板、人造石英石、不锈钢台面、天然石台面
地脚	地脚板	
	调整地脚	
	连接件	
功能配件	星盆	
	龙头	
	上下水器	
	拉篮	
	置物架	
	置物桶	
五金配件	门铰	
	导轨	
	拉手	
	吊码	
	其他结构配件	
	装饰配件	
灯具	层板灯	
	顶板灯	

6. 橱柜设计注意事项

（1）橱柜安装模块排列

橱柜的安装排列主体一般是靠在厨房较长的墙面，应当将为冲洗和模块组合所需的进水、出水、电或煤气接头以及排气等的可能性位置均列入的草图内。为了让橱柜尽可能符合操作技术流程，要根据不同操作喜好进行定制化设计。若主要使用者为右撇子，则模块组合顺序从左到右依次为：餐具滴水面→冲洗→用于准备烹调的台面；若使用者是左撇子，则模块组合顺序为从右至左，这样可以避免双手交叉，减少胳膊或脚下的移动。

安装排列模块所需空间根据不同的设备可能有所不同：

① 操作面 =600mm 宽（切菜或冲洗活动所需的台面）。通常搁置面下方安装柜子。

② 准备面 =300~600mm 宽。准备面是用于初步加工、烹调或者厨房其他配套设备所需的空间面。在规划时通常要考虑到电源插头的位置，以便使用。

③ 冲洗面 =800~1200mm 宽，若有 90mm 的宽度，就可以选用最为常见的双水池；若是 800mm，则可安装一个半水池（一大一小），这种方式还适合有洗碗机时的布局。

④ 灶具 =600~1000mm 宽。灶具所占的宽度取决于灶具的种类及电器的布局，或者厨房中可供使用的立面。抽油烟机的高度以烹调者的头能够自由活动为易，一般要与灶具至少保持 300mm 的高度。

（2）橱柜的立面

为了在厨房里合理地完成各项工作，还必须确保有足够的活动空间，因为布置橱柜或电器不仅需要地面面积，而且还需要墙面面积，不同的空间类型会对橱柜的立面造成一些影响，如：对于平开门的厨房，门须能够打开至 90°；低于工作面的窗台在设计橱柜立面时不应该将考虑将其纳入设计范围内，因为过低的窗台导致台面的布置难度增加，工程量随之也会加大。

（3）暖气设置

出于供热技术的原因，北方地区的部分暖气会安装在窗的下方。通常来说，最佳的方式是墙面上做成凹陷状，把暖气镶装在里面，这样就不需要占用立面。如果操作面是二字形的，那么尽量将暖气布置在门正对着的墙或者窗的位置处，与门相对。在镶装暖气温度控制阀时，注意将它安装在空气对流的地方。

（4）照明

在橱柜设计时，应该尽可能保证自然光能够通过窗户进入厨房。窗户的大小、排列、玻璃的透明度，以及窗外的环境及对面的建筑都影响光的射入，通常，窗户的大小应为厨房面积的 1/8 到 1/6，以保证厨房内光线充足。

作为厨房的人工光源有：荧光灯、节能灯、低压卤素灯等，它们可以提供不同的照明。根据整个厨房内及厨房的各个位置及对光的要求，可以分别采取一般照明和操作位置照明这两种方式。

一般的照明：通常安装在房顶中央，使用荧光灯或灯泡，光源位于正常的视线之外，可以通过安装玻璃或塑料灯罩，产生均匀的光线。

操作位置照明：以操作位置定向的照明主要是将光聚于一个或几个操作面上。由于主要灯源在厨房顶部，照明时会产生阴影，所以还需使用其他附加的照明用具。如安装在吊柜下的灯具，能够保证主光源力所不能及的区域让操作面有足够的光线。往往抽油烟机也会安装有照明的灯具。

7. 橱柜案例

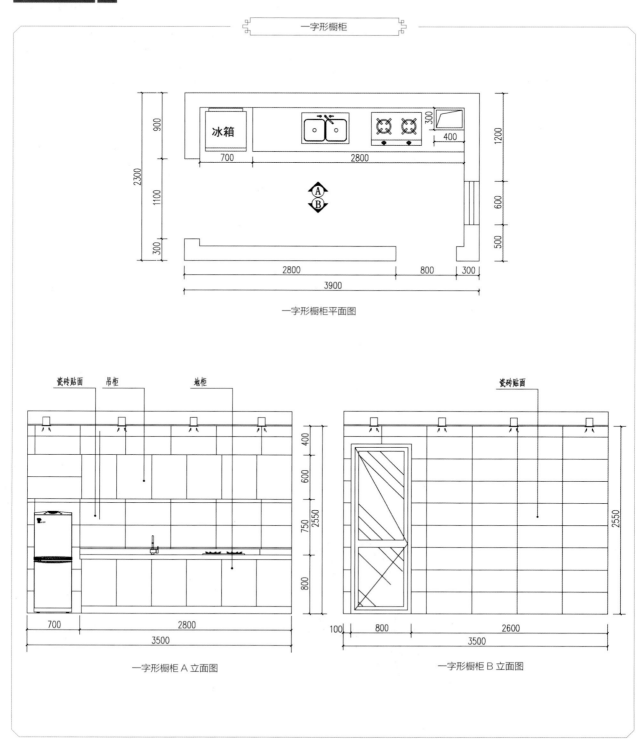

一字形橱柜

一字形橱柜平面图

一字形橱柜 A 立面图

一字形橱柜 B 立面图

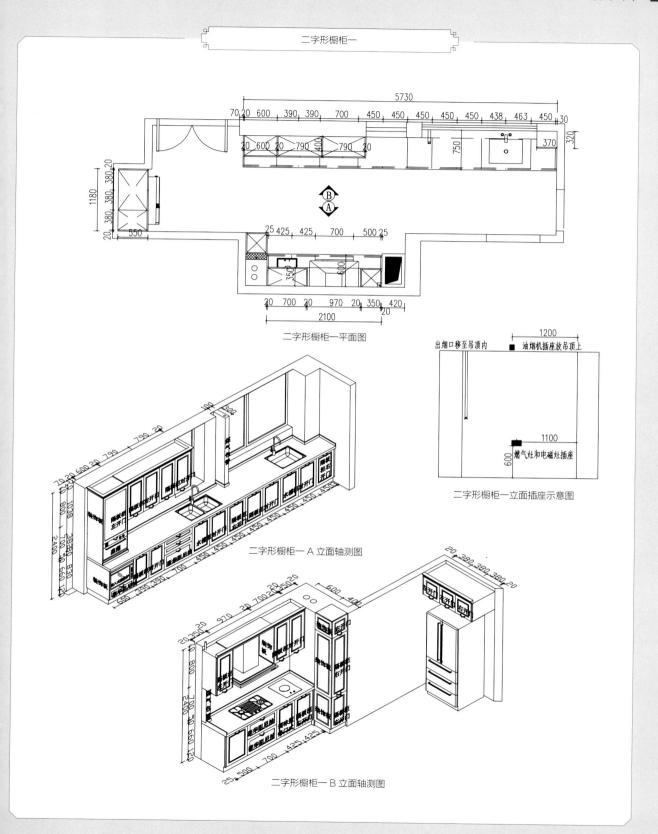

二字形橱柜一

二字形橱柜一平面图

二字形橱柜一 A 立面轴测图

二字形橱柜一立面插座示意图

出烟口移至吊顶内　　油烟机插座放吊顶上

燃气灶和电磁灶插座

二字形橱柜一 B 立面轴测图

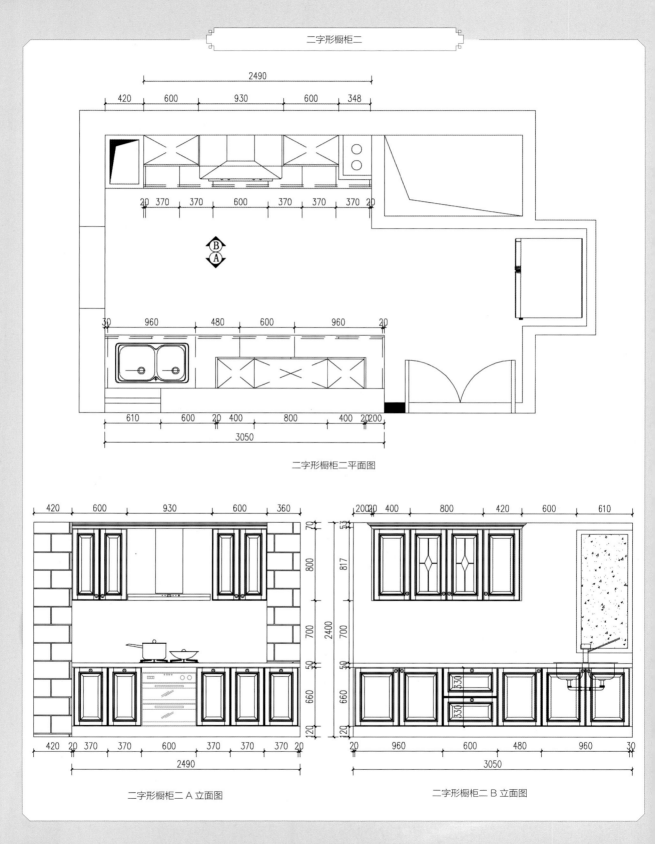

二字形橱柜二

二字形橱柜二平面图

二字形橱柜二 A 立面图

二字形橱柜二 B 立面图

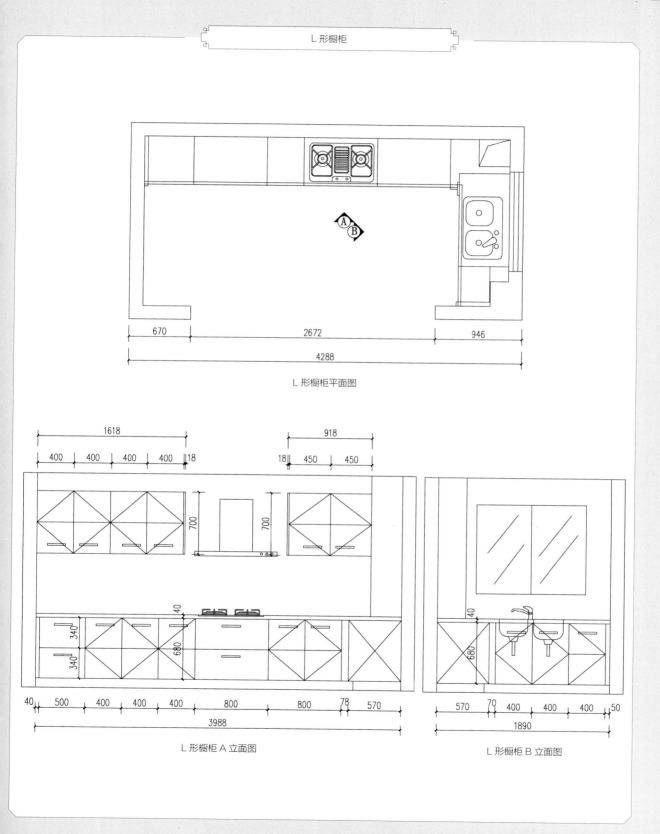

L 形橱柜

L 形橱柜平面图

L 形橱柜 A 立面图

L 形橱柜 B 立面图

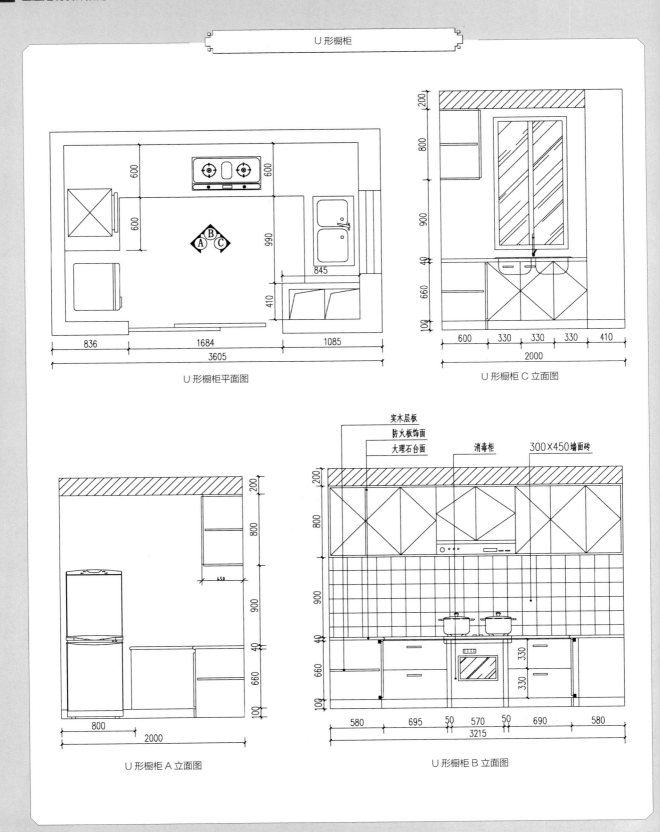

U 形橱柜

U 形橱柜平面图

U 形橱柜 C 立面图

U 形橱柜 A 立面图

U 形橱柜 B 立面图

岛台形橱柜

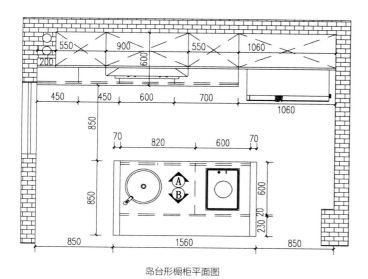

岛台形橱柜平面图

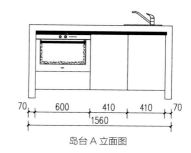

岛台 A 立面图

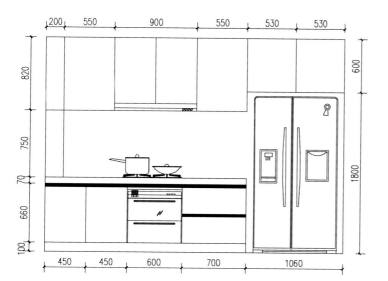

岛台形橱柜立面图

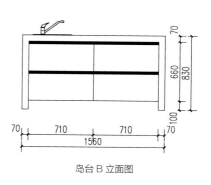

岛台 B 立面图

材料: 人造石台面、刨花板贴亚光皮、纤维板

说明: 蓝色的橱柜有着不错的装饰性,与金属材质的厨房设施搭配起来颇有冲击感,饶有趣味。

材料：白色仿大理石台面、刨花板贴亚光膜、竹制餐桌

说明：餐桌和地柜的柜门采用同一颜色，与吊柜门形成了明暗对比，再搭配木色的纹理，让人感受了整体的简洁和自然的特性。

材料：白色人造石台面、木纹饰面板、刨花板贴膜

说明：大面积的木色和黑色搭配，其间使用白色台面进行调剂。镜面的壁柜能内置烤箱、微波炉等电器，既保证了充足储物空间又给人空间变大的心理感受。

材料：烤漆柜门、白色人造石台面、纤维板、玻璃

说明：该橱柜的独特之处在于将部分吊柜做成了酒柜，运用玻璃产生了虚实对比的效果。

材料：白色纤维板

说明： U 形的橱柜很符合人体在厨房空间的动线，吊柜的把手置于柜门的最下方，方便使用者的使用。整体色调的选用简洁大方、典雅明净。

材料：白橡木、黑色人造石台面、纤维板贴面

说明：左边较高的柜体和右边的冰箱形成了橱柜的最高点，高度较低的吊柜与之共同构成了起伏，丰富了立面形式。色彩和材质偏向于自然、简洁。

材料：刨花板、亚克力柜门

说明：酒柜、拉篮、小置物板整合于橱柜中，功能集中且橱柜的空间处理极为灵活。

材料：爵士白台面、刨花板、装饰网眼架

说明：黑色的橱柜与浅色的顶面和地面形成对比，凸显出了重要性，整体大气沉稳。

材料：白色烤漆板、波斯灰大理石台面

说明：这是一个适合有西式用餐习惯的人使用的橱柜，整体较为简洁，现代感的烤漆板和古朴的木台面形成了相辅相成的视觉体验。

材料：白色模压板、黑色人造石台面、磨砂玻璃

说明：该橱柜将吊柜分成了上下两部分，因而能够更好地利用空间，且把手都位于下方，柜门为上翻式，比较容易拿取物品。

材料：纤维板、刨花板贴实木皮

说明：以西式餐饮为主的橱柜设计要注意将电器面板与橱柜台面有机结合，以形成良好的效果。

材料：爵士白大理石、纤维板

说明：黄色的柜门主要与周围彩色保持一致，与白色台面相得益彰，也让本身较为普通的橱柜焕发活力。

材料：科定板、纤维板、刨花板

说明：该橱柜的处理极为灵活，将通长的柜体和地柜分开，在台面上方运用外露的搁板、挂杆代替传统的吊柜，很好地减少了小空间的逼仄感。

4

CHAPTER

第 4 章
制造环节

4.1 拆单与图纸审核

4.1.1 拆单

家装设计师绘制的定制家具图样要经过专门的家具结构工程师进行家具技术分解、拆单，生成多个家具零部件图，这是从设计图纸到加工文件的转化阶段。

在拆单阶段，全屋定制的家具会根据零部件的加工工序、加工分组、加工设备等来进行产品制造的规划，每一个零部件都有自己的编号，计算机系统根据编号再详细落实生产信息。

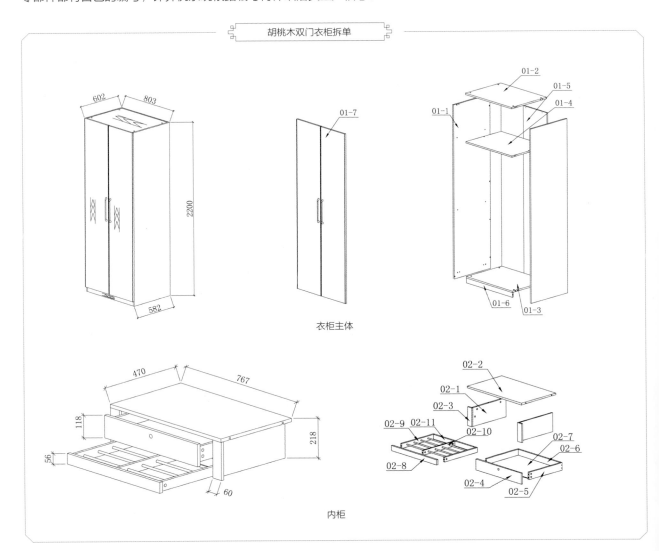

胡桃木双门衣柜拆单

衣柜主体

内柜

4.1.2　图纸审核

全屋定制家具的设计图纸以及家具零部件图还需要定制家具工厂的技术审核员进行审核，确认无误后才能够下料生产。图纸绘制不规范，图纸结构绘制不清晰，分解拆单不严密，不但会影响技术审核效率，还会为排孔、立装和手工特制等工序造成较多的麻烦，影响生产效率，因而在正式下达生产任务之前，必须对图纸进行审核，确保不会出现失误。

线性尺寸分水平、垂直、斜向三个基本方向，线性尺寸标注以水平方向为基准，垂直方向尺寸标注在水平方向的基础上以逆时针方向旋转90°，斜向尺寸标注在水平方向基础上按标注线（面）的倾斜角作相应旋转

仔细核对图纸数据的正确性，保证图纸数据呈现清晰明确，没有压线，没有错误

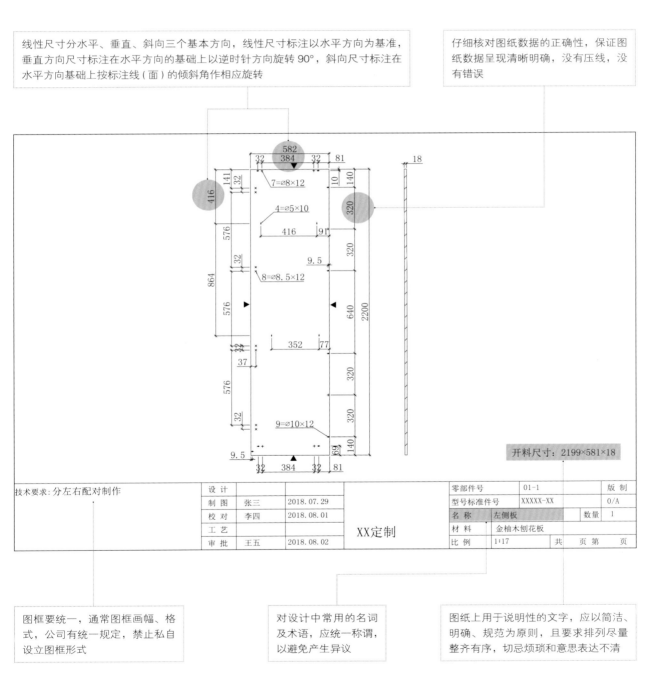

图框要统一，通常图框画幅、格式，公司有统一规定，禁止私自设立图框形式

对设计中常用的名词及术语，应统一称谓，以避免产生异议

图纸上用于说明性的文字，应以简洁、明确、规范为原则，且要求排列尽量整齐有序，切忌烦琐和意思表达不清

4.2 开料与封边

4.2.1 开料

　　开料是全屋定制家具产品生产的重要环节，随着科技的发展，开料环节也正式迈入机器化生产。

　　在拆单后，将图纸等生产文件通过计算机传送到电子开料锯上，电子开料锯可以提高裁切的效率、降低成本，也能对方案进行优化。

　　文件传输后，技术人员选择相应的文件，电子开料锯会根据设计图纸对板材进行准确的切割，同时打印出条形码。条形码是板材的身份证明，也是后续工作环节中的识别标准。

小贴士　　裁板锯在开料时也会用到，通常是作为电子开料锯的辅助工具，适用于一些非标准的、少量的、运输过程中受到损坏的场景。

4.2.2 封边

　　全屋定制家具板件的封边与普通的板式家具封边的流程、操作大体形同，但为了适应小批量、多品种的要求，针对封边工序做了很多优化。如在封边加工后方加上开槽锯片，可以在封边加工后直接对板材进行开槽加工，减少了工序。封边的目的主要有三个。

1）保护板件的边缘位置，防止因板件裸露吸收水分发生化学作用造成板件的变形或者变质。

2）防止板件内部的有害物质过度挥发到空气中，引起人的不适，从而对人体健康造成威胁。

3）可以使板件更加美观。通常情况下，板件在开料后的状态比较粗糙，而使用带有木纹、彩色的封边条会让板材更为赏心悦目。

全屋定制常用的封边条有四类，分别是 PVC 封边条，ABS 封边条、实木封边条、铝合金封边条。

▲ 封边条

1. 实木皮封边条

（1）定义

实木皮封边条主要用于贴木条的家具上，这类封边条会在背面粘贴无纺布以增加木皮强度，防止木皮开裂。一卷的长度约为 200m，所以可以在封边机上连续使用。

（2）优点

封边效果好，方便快捷，而且利用率较高，很适合作为实木复合家具的机械封边材料。

▲ 实木皮封边条

（3）缺点

由于采用实木，因而原材料的成本较高，制作的费用也较高。

2. PVC 封边条

（1）定义

PVC 封边条基材由 PVC 树脂、碳酸钙粉及各种辅料组成。在表面用油墨印刷后再滚涂 UW 漆固化就成了木纹封边条。木纹封边条仿真效果比较好，但也取决于油墨、UW 漆以及制作温度。

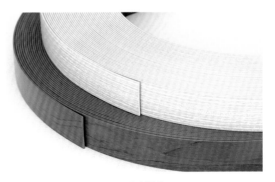

▲ PVC 封边条

（2）优点

具有耐热、耐油以及强度、硬度、可弯曲度高的特点。其表面性能好，耐磨，可修削。表面效果亦佳，其花纹和色彩可以有接近原木的天然木色，也可有其他色彩图案。而且这种封边条价格比较低，所以用得很广泛。

（3）缺点

其质量不很稳定，修边后色差十分明显，而且容易老化和断裂。

3. ABS 封边条

（1）定义

ABS 树脂是目前先进的材料之一，它不掺杂碳酸钙，修边后的效果透亮光滑。ABS 封边条，封边后热熔胶缝小。

（2）优点

不会出现泛白的现象，无污染，不变色，不易断裂，不会粘灰尘。

（3）缺点

ABS 封边条市场价格高。

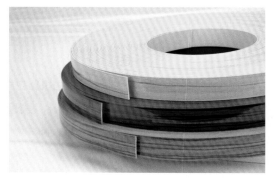

▲ ABS 封边条

小贴士

PVC 封边条与 ABS 封边条特性对比

	耐温性	填充料	稳定度	环保性	柔韧性
PVC 封边条	适中	有	一般	适中	高
ABS 封边条	高	无	高	高	适中

4. 铝合金封边条

（1）定义

铝合金封边条是用铝合金加工制作而成，是目前市场中比较受欢迎的一种封边材料。

（2）优点

质量坚固，不容易变形，固封效果好。

（3）缺点

和板材的木纹饰面搭配，融合效果较差。

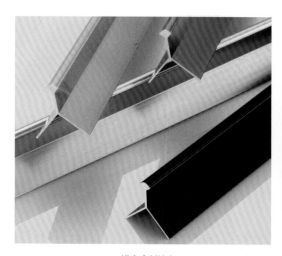

▲ 铝合金封边条

4.3 排孔开槽

全屋定制家具的排孔开槽大都是由机器完成的，即数控钻孔中心。数控钻孔中心只需对板件的条码进行扫描后，便可以在一台设备上对板件的不同位置、不同方向的排孔处进行钻孔、开槽、加工，效率高，差错率低。32mm 系统是大规模定制板式家具的重要技术基础。

部分部件无法通过设备加工时，则需要人工处理。排孔工人在进行排孔作业时，需要先通过审读图纸来正确理解定制家具的结构。规范的图纸和较高的分解正确率有助于工人快速准确地理解定制家具的结构，提高排孔的效率。

▲ 板材排孔开槽

小贴士

全屋定制板式家具 32mm 系统

全屋定制板式家具的 32mm 系统是指以 32mm 为模数，或者称为基本单元，要求连接件之间的安装孔洞间距是 32 的整数倍，从而提供标准接口的家具设计定制体系。因为采用电子机械化操作手段，所以这种模数至少保证其中一个方向达成模数体系，这样就可以用排钻一次打出。其特点是标准化、模块化、组合化、互通性。

32mm 系统以旁板（也称侧板）为核心，是最主要的骨架构件。板式家具尤其是柜类家具中几乎所有的零部件都是通过旁板组合连接在一起的。所以 32mm 系统中旁板的加工位置确定以后，其他部件的相对位置也基本确定了。

4.4 家具立装

立装又叫试装，是将已经全部加工好的定制家具的所有零部件进行组装的一个检验环节。立装环节不需要操作机器，比较容易上手，但是要求熟练掌握定制家具的结构和工艺。在全屋定制家具生产中存在的立装问题大多是因为立装遗漏细节所致，因此详尽的立装工序操作规程的制定是减少立装工序差错率的有效手段。

4.5 涂饰环节

全屋定制家具可根据工艺划分为涂料和免漆两类。

4.5.1 涂料

涂料是指涂布在物体表面，能形成牢固附着的、连续的，具有保护、装饰和特殊性能涂膜的有机高分子化合物或无机化合物的液态或固态材料。

1. 常用种类

家具定制生产中常用的涂料有硝基漆（NC 漆）、不饱和树脂漆（PE 漆）、聚氨酯漆（PU 漆）、紫外光固化油漆（UV 漆）、水性漆几大类。涂布油漆时，可以使用单一类，也可以组合使用，如 PE 底漆 +PU 面漆、UV 底漆 + 水性面漆等。目前最受欢迎的是紫外光固化油漆，即 UV 漆，也称光引发涂料、光固化涂料，它能够在紫外线的照射下瞬间固化成膜，而且不含任何挥发性物质，是绿色环保材料。

2. 不足

涂料工艺的装饰效果好，但是生产周期较长，且日常使用中需要精心打理维护，相对来说成本较高。

4.5.2 免漆

免漆技术是在板材表面包覆一层装饰层，一般用于家具面板装饰。通常定制家具不直接面对客户的板材在采购之初就进行了贴面操作，无需覆膜或者再进行二次装饰，仅需封边即可。但对于面向客户的部分，出于对造型、风格的考虑，需要在其表面进行再次装饰，这其中应用较为广泛的是覆膜加工。覆膜的方式有很多种，被广泛使用的有后成型方法覆膜、真空覆膜。

1. 后成型方法覆膜

后成型方法覆膜较为简单，适用于平整的、规则的板材面。

2. 真空覆膜

真空覆膜是利用真空覆膜机（真空吸塑机）抽真空，获得负压对贴面材料施加压力，从而可以在异型表面上均匀施加压力，达成覆膜的效果。

真空覆膜主要适用于表面带有雕刻装饰或者复杂造型的板材、软包装饰皮革等材料覆 PVC、木皮、装饰纸等，如橱柜的门板、工艺门、装饰板等。

3. 真空覆膜流程

基材加工　打磨砂光　喷胶　二次打磨　覆膜　修整

（1）基材加工

真空覆膜的基材一般为纤维板，即密度板。基材的加工包括开料和铣形，铣形加工可以采用铣床或者 CNC 加工中心。

（2）打磨砂光

打磨砂光要确保板件表面均匀、尺寸精准，打磨完成后需要除尘，这是为了防止胶合程度下降。含有较多浮雕纹饰的可以采用预制件黏合的方式，将预制的雕花、线条、造型等黏结到板件表面再进行覆膜，这种覆膜方式效果好、效率高。

（3）喷胶

喷胶是指在覆膜前在基材表面均匀喷涂胶水，喷胶时要先把板材边角的灰尘清理干净，并根据贴面材料的要求调整喷胶量和喷涂方法。喷胶完成后，需要将板件移送到晾干的地方，根据时令的不同，夏季需要 20~30min，冬季需要 40~60min。

（4）覆膜

覆膜的操作流程具体是先将板件放置在覆膜机上，然后通过加热、抽真空后，将贴膜紧压在板件表面上。

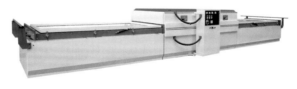

▲ 真空覆膜机

（5）修整

板件覆膜后，会有些膜料残余或者孔洞被覆盖的情况，因而需要人工处理，保证板件的平整及可操作性。

4.5.3　分拣环节

当一个生产批次完成后，系统将按订单依次从暂存位取下，通过条码识别，由输送系统分配到对应拼单口进行码垛、组盘，完成分拣、拼单的工作。完成组盘的订单托盘，在通过全方位外形检测和精确称重检测合格后方可通过提升机及自动输送线进入智能仓库。

5

CHAPTER

第5章
物流环节

产品出库与入库
产品运输的问题及解决方向
产品运输规范

5.1 入库与出库系统

全屋定制家具物料出入库系统主要是指通过对库存情况的分析及订单要求进行物料采购，根据生产及非生产领料和成品及半成品的入库、出库管理，同时，也包括企业内外发生的物料借入、借出管理以及对库存进行盘点等。

5.1.1 物料入库系统

物料入库过程的管理主要是在全屋定制家具全生命周期中，对所有来货接收、物料清点、通知报检、检测判定、账务处理、实物进仓以及陈列归位、标识张贴、悬挂、登账等。

入库的具体内容包括家具零部件入库、实物入库等。所有物料的入库都是在建立物料信息编码库的基础上，将物料信息通过编码手段编入条码中，用条码技术的扫描或感应技术将条码信息采集并上传 ERP 作相关确认、处理。

小贴士

ERP 系统

ERP 系统是企业资源计划（Enterprise Resource Planning）的简称，是指建立在信息技术基础上，集信息技术与先进管理思想于一身，以系统化的管理思想，为企业员工及决策层提供决策手段的管理平台。它是从 MRP（物料需求计划）发展而来的新一代集成化管理信息系统，它扩展了 MRP 的功能，其核心思想是供应链管理。它跳出了传统企业边界，从供应链范围去优化企业的资源，优化了现代企业的运行模式，反映了市场对企业合理调配资源的要求。它对于改善企业业务流程、提高企业核心竞争力具有显著作用。

5.1.2 物料出库系统

物流出库系统根据出库的不同物料，可划分为两个子项，分别为自制件出库、非自制件出库。

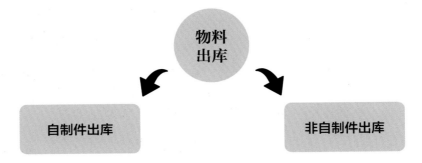

1. 自制件出库

　　自制件出库包括自制零部件、板材、铝材（金属材料）等。首先仓库管理员根据备料单，核对物料名称、规格、型号、数量、单位等进行出库。然后财务部依据仓库管理员所提供的备料单在 ERP 系统中执行材料的调整和调拨。最后仓管员会按照财务部提供的 ERP 系统调拨单的内容进行核实，确认无误后，进行实物调拨。值得注意的是，在材料真实调取后需要人工做登记管理。

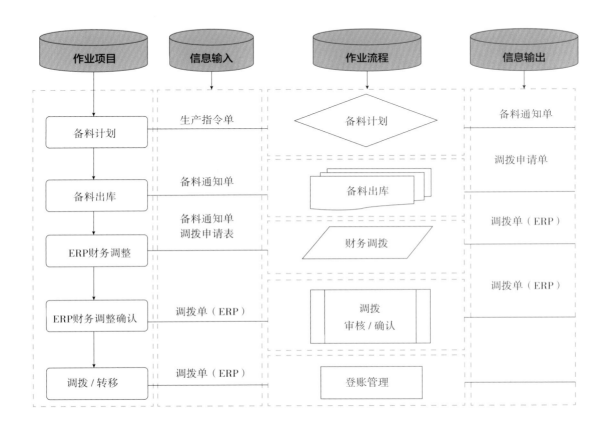

2. 非自制件出库

　　非自制件出库是由物料部门依据生产指令在出货日期前对 ERP 系统中进行数据编排及导出，并生成《拣货明细表》，同时需要把《备料汇总表》交由相关仓库管理员，让其进行相关事务处理。仓管员依照《备料汇总表》中物料需求给予实物配置分拣，再扫码出库。扫描完后依据订单的整合件数标注相应的箱码，交予物流公司，完成出库。

5.2 产品运输

5.2.1 全屋定制物流现状

1. 依赖第三方物流公司

由于目前的全屋定制产业还未形成严格体系，因而在物流上对第三方物流公司高度依赖，难以对其有所要求，缺乏自主权。而物流公司中小公司数量众多，在软件和硬件上都无法和全屋定制行业同步发展。

2. 运输要求高、难度大

全屋定制家具产品由于其体积、重量大，需要严格防潮、保证其完整性不受损，相应的导致物流难度大、成本高。

3. 模式单一费用高

目前部分承担全屋定制的物流公司模式较为单一，大多为自行安排车辆提货和组织运输，资源分散且物流费用高，缺乏有效的管理和高效调度，从而导致了物流成本高、速度慢的痛点。

4. 缺乏专业人才

不论是家具企业还是物流企业都缺乏专业的物流管理人才，行业物流运作水平偏低。

5.2.2 解决方向

全屋定制行业其实对于物流有着较高的要求，需要注重快速把握客户需求、企业内部资源的有效整合，建立战略合作的外部协作关系。通过对整个供应链系统中的信息流、物流和资金流进行计划、协调、执行和控制来实现全屋定制家具物流体系的高效响应。

但受目前行业条件、操作可行性等因素的限制，无法快速完成改革。但全屋定制物流环节发展的方向还是颇为清晰的，可以总结为以下两点。

▲ 家具运输

1. 物流配送过程的建立

通过对全屋定制家具客户的需求分析和实证研究，家具企业物流配送系统的建立应包含：配送及订单收集、货运量统计分析、客户订单信息处理过程；货物跟踪、轨迹回放、位置显示、定位信息接收处理的货物跟踪过程；车辆调度、配送路线图表的 GIS 管理过程；电子地图维护、更新、管理的配送路线优化过程及对系统数据库和车辆轨迹进行管理和维护的数据维护过程。

物流配送过程的建立，可以在大概率上将货物按时送达指定地点，很大程度上提高了客户的满意度。相应的，也增强了企业的竞争能力。

2. 网络信息技术在供应链中的应用技术

网络信息技术将为全屋定制家具提供高效信息的收发和处理，可以有力地扩大大规模全屋定制家具移动办公范围和远程管控水平，实现制造过程中的多点信息采集，提高了家具物流运输效率和客户服务水平。解决了各种家具物流过程中产生的问题，提高了运输效率和客户需求的快速响应速度。

5.2.3　产品运输现行规范

1. 装卸规范

1）装货前应根据所装物品的数量、形状、体积及装货车辆的形状、结构、体积等做出预算后进行装储。

2）多种物品混装时，易损及不耐挤压的物品不得放置于易受到挤压、碰撞的位置。

3）装储时应依照"紧密装储"的原则，物品之间、物品与车厢之间应放置紧密，不允许有足以造成物品大移位（5cm 以上）的空隙。

4）分层装储时，形状规则、重量大的物品应放置在下层，形状不规则、重量小的物品放置在上层。

5）简易包装物品分层装储或与其物品混装时，物品与物品及车厢壁之间须用软性耐磨材料（如毛毯等）来间隔，以免互相摩擦。

6）装储玻璃类物品，玻璃应竖放，禁止平放，玻璃面禁止接触表面凹凸不平的坚硬物体，厚度小于 5mm 的玻璃与其他物品混装时应采取木框包装，否则禁止装运。

7）卸货时应逐件卸下，禁止两件以上叠放在一起卸。

8）禁止在潮湿、高温、倾斜度过大的平面或有潜在危险之处放置物品。

2. 搬运规范

1）单人徒手搬运重物时，应以能够轻松举过头顶为度，禁止超重，以保障人身及物品安全。

2）搬动玻璃时不能单角触地，以免受力不均损伤产品。

3）搬运长度超过 1.6m 的简易包装物品上下楼梯时，必须由二人分持两端搬运，以防止与墙壁、楼梯扶手等发生碰撞造成损伤。

4）搬运物品经过门口、楼梯等通道时，应对门口与楼梯间的高度、宽度进行目测，当目测结果显示通道尺寸过小时，应对所搬运的物品与通道的尺寸作精确测量，禁止未经测量而盲目操作。

5）搬运软体家具，必须托住家具的底部，禁止拖拉家具扶手等线口结合部位，以免造成开裂；上下楼梯必须在有完全封闭包装的前提下进行，以免造成损伤及污染。

6）禁止将装配完毕的大型拆式家具在无全封闭有效包装的情况下装车运输，或与其他物品紧密接触混装运输。

6
CHAPTER

第6章
安装环节

6.1 认识五金配件

五金配件是指在家具生产、家具使用中需要用到的五金部件。五金配件可以满足全屋定制家具结构不同场景下的使用需求，也可以使家具的功能形式更为多样化。

6.1.1 五金配件分类

根据全屋定制家具五金配件在家具上的作用，可以把其分为结构五金配件和功能五金配件这两类。

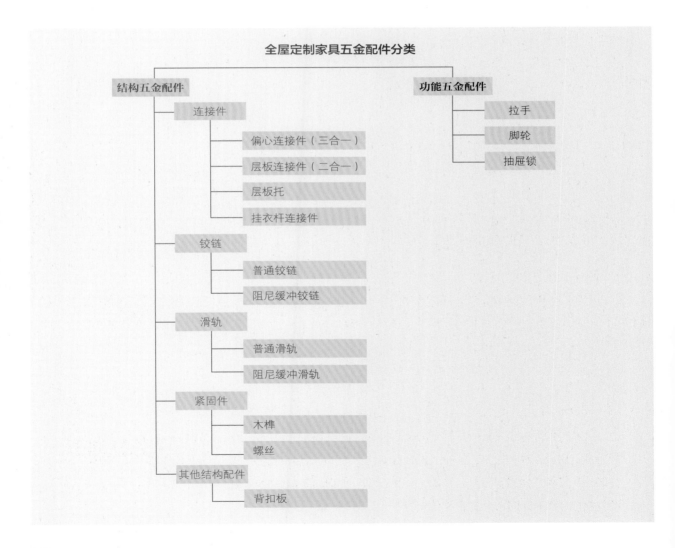

1. 结构五金配件

结构五金配件是指连接板式家具骨架结构，实现板式家具使用功能，起结构支撑作用的五金件，它是家具功能的实现要素、家具结构连接的支撑，家具形式的载体。结构五金配件根据使用用法可以细化为连接功能五金、支撑功能、翻转功能、推拉功能、拖拉功能、折叠功能、升降功能、旋转功能、悬挂功能等五金配件。

2. 功能五金配件

功能五金配件是指除装饰和接合以外的，致力于家具空间拓展应用的五金件，是人在使用家具中与家具进行互动的媒介。功能五金配件通过金属材料代替木质材料，对家具的使用功能进行拓展和延伸，体现舒适、便捷、人性化的应用特点，功能五金配件包括储藏功能、调节功能、防护功能、安全功能，以及隐藏功能（线缆等）等五金配件。

3. 装饰五金配件

装饰五金配件是指安装在家具外表面，起装饰和点缀作用的五金件。装饰五金配件是家具形态要素的组成部分，是家具形式的补充。

6.1.2　主要五金配件

1. 连接件

各种五金连接件可以将板式部件有序地连接成一体，形成了结构简洁、接合牢固、拆装自由、包装运输方便、互换性与扩展性强、利于实现标准化设计、便于木材资源有效利用和高效生产的结构特点。

（1）偏心连接件

偏心连接件按照安装方式可分为三合一连接件、二合一连接件以及快装式连接件，分别应用于不同的场景下。

① 三合一连接件

三合一连接件即三合一偏心连接件，由偏心体、吊紧螺丝及预埋螺母组成。由于这种偏心连接件的吊紧螺丝不直接与板件接合，而是连接到预埋在板件的螺母上，所以吊紧螺丝的抗拔力主要取决于预埋螺母与板件的接合强度，拆装次数不受限制。

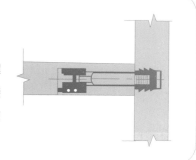

⚙ **安装步骤**

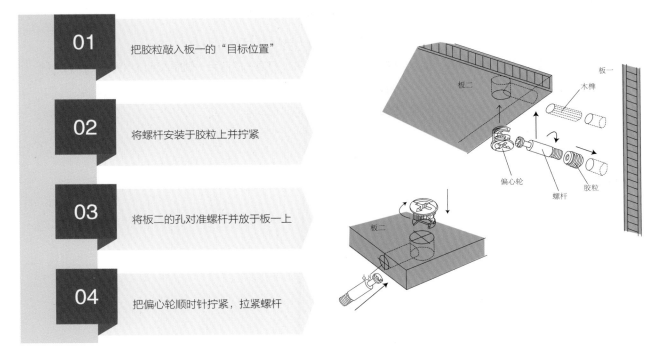

01	把胶粒敲入板一的"目标位置"
02	将螺杆安装于胶粒上并拧紧
03	将板二的孔对准螺杆并放于板一上
04	把偏心轮顺时针拧紧，拉紧螺杆

② **二合一连接件**

　　二合一连接件有两种，一种是由偏心体、吊紧螺丝组成的隐蔽式二合一偏心连接件，另一种是由偏心体、吊紧杆组成的显露式二合一偏心连接件。隐蔽式二合一偏心连接件的吊紧螺丝直接与板件接合，吊紧螺丝的抗拔力与板件本身的物理力学特性直接相关。显露式二合一偏心连接件的接合强度高，但吊紧杆的帽头露在板件的外表，在有些场合会影响装饰效果。根据有关研究，这种接合的吊紧螺丝抗拔力略大于三合一偏心连接件吊紧螺丝的抗拔力，但拆装次数受限制。拆装次数在 8 次以内时，一般对吊紧螺丝的抗拔力影响不大。

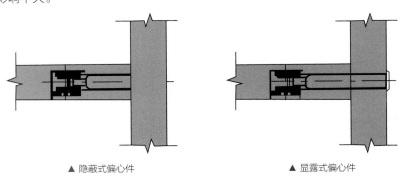

▲ 隐蔽式偏心件　　　　　　　　　　　▲ 显露式偏心件

辨析二合一和三合一连接件

1. 适用板材：二合一连接件适用于 12mm 板材，三合一连接件适用于 15mm 以上的连接。

2. 打孔深度：二合连接件的一螺丝安装时打通孔或者半孔，打通孔的从另一侧插入穿过木板，连接另一侧的锤头螺母。但是三合一连接件的胀塞安装是打半孔。

3. 连接强度：二合一连接件安装时螺丝直接连接螺母，把木板连接在一起，所以比三合一连接件通过塑料胀塞连接的强度高很多。

③ 快装式连接件

快装式偏心连接件由偏心体、膨胀式吊紧螺丝组成。快装式偏心连接件是借助偏心体锁紧时拉动吊紧螺丝，吊紧螺丝上的圆锥体扩大倒刺膨管直径，从而实现吊紧螺丝与旁板紧密接合。安装吊紧螺丝用孔的直径精度、偏心体偏心量的大小直接影响接合强度。

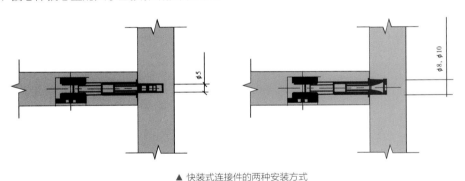

▲ 快装式连接件的两种安装方式

（2）背板连接件

背板连接件呈现 L 形，属于紧固型五金配件。

▲ 背板连接件

（3）万能连接件

采用万能连接件接合方式的接合强度一般，因连接件突出板件表面，会影响美观、使用及清洁。因此常用于踢脚线、装饰板、覆盖板等接合强度要求不高的辅助板件的接合。

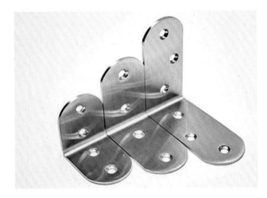

▲ 万能连接件

2. 铰链

铰链是用来连接两个固体并允许两者之间做相对转动的机械装置。它的品种很多，包括合页、门头铰、玻璃门铰、弹簧铰链、专用特种铰链等。

（1）合页

合页较多用于门或者柜门，材质一般为金属，铁、铜、不锈钢的最为常见、应用最广。但一般的合页不具备弹簧铰链功能，安装后必须再装上各种碰珠，否则风会吹动门板。目前较为先进的合页是液压合页，可以实现自动定位、关门的功能，经常在房门相应位置使用。

▲ 常见合页

（2）门头铰

门头铰是一种隐藏式的铰链，一般用于两个门板的上下端部。其可以旋转 360°，按照其连接点形状，可以分为鸡嘴铰和圆嘴铰。

▲ 圆嘴铰　　　　　　　　　　　　▲ 鸡嘴铰

（3）玻璃门铰

用来连接柜板与玻璃门的连接件，其工作原理与合页类似。

▲ 常见玻璃门铰

⚙ 安装步骤

01 准备工具

安装前准备好专门的安装工具，有测量用的卷尺、水平尺，画线定位的木工铅笔，开孔用的木工开孔器、手枪钻，固定用的螺丝刀等。

02 画线定位

首先用安装测量板或木工铅笔画线定位，再用手枪钻或木工开孔器在门板上打35mm的安装孔，打孔深度一般为12mm。

03 固定铰杯

将铰链套入门板上的铰杯孔内并用自攻螺丝将铰杯固定。

04 固定底座

铰链嵌入门板铰杯孔后将铰链打开，再套入并对齐侧板，用自攻螺丝将底座固定。

05 调试效果

一般的铰链都可六向调节，上下对齐，两扇门板左右适中，将柜门调试到最理想效果，安装好后关门时的间隙一般不大于2mm。

（4）弹簧铰链

弹簧铰链是指在合页中安置了弹簧装置，能够实现全开和全关，并且处于中间状态时，合页能够自动复位，也就是自动关闭。弹簧铰链主要用于橱门、衣柜门，它一般要求板的厚度为18~20mm，由可移动的组件或者可折叠的材料构成，分为基座和卡扣两部分。弹簧铰链有各种不同的规格，如全盖（直弯、直臂）弹簧铰链、半盖（中弯、小臂）弹簧铰链、无盖（大弯、大臂）弹簧铰链。

▲ 全盖弹簧铰链　　　　　　　　▲ 半盖弹簧铰链　　　　　　　　▲ 无盖弹簧铰链

 弹簧铰链的应用

不同规格弹簧铰链的应用

全盖	半盖	无盖
柜门能全部盖住侧板，柜门在柜体外侧	柜门盖住侧板一半，柜体外侧体两侧都有门	柜门没盖住侧板，柜门在柜体内侧
全盖、直弯、直臂 （柜门全盖住侧板）	半盖、中弯、小弯 （柜门只盖住侧板一半）	无盖、内藏、大弯 （柜门内藏入柜，柜门与侧板齐平）

⚙ 弹簧铰链安装

打孔定位		安装底座及铰杯		调节理想位置

首先确定弹簧铰链在柜门和侧板的安装位置，并在柜门、侧板上打孔

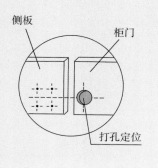

然后将底座和铰杯对准相应的孔位，通过螺丝固定

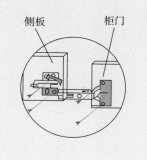

最后调试柜门的开合效果，不合适的地方进行相应的调整

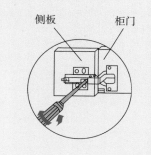

小贴士

调节理想位置的方法

调节方法	操作	示意图
上下调整	调节螺丝 "Ⓐ" 可以校正门板上下间隙	调节螺丝 "Ⓐ"
前后调整	调节螺丝 "Ⓑ" 可以改变门板与侧板的间隙	调节螺丝 "Ⓑ"
左右调整	调节螺丝 "Ⓒ" 可以改变门板相对于侧板的覆盖量	调节螺丝 "Ⓒ"

（5）翻门铰链

翻门铰链是指可以满足柜门绕着水平轴线转动实现开合的五金构件，现在大部分的翻门铰链同时具有支撑作用。

▲ 翻门铰链

3. 滑道

滑道又称导轨、滑轨，是指固定在家具的柜体上，供家具的抽屉或柜板进出五金连接部件。在全屋定制家具中最常见到的是抽屉滑道、柜门滑道以及部分滑动式的试衣镜。

（1）抽屉滑道

抽屉是直线往返运动，通常抽屉承载越重，直线运行的精度要求也就越高，在某些时候可以进行扭动。全屋定制家具常用的抽屉滑道有滚轮式滑道、滚珠式滑道、四列滚珠式滑道三种。

抽屉滑道又可分为单行程滑道与双行程滑道。单行程滑道只能将抽屉拉出柜体 3 / 4 ~ 4 / 5，另外的 1/5~1/4 仍留在柜体内，这对某些物品的取放会带来不便。而双行程滑道则能将抽屉全部拉出柜体，取放物品无障碍。

▲ 抽屉滑道

1 滚轮式滑道

滚轮式滑道适用于抽屉承载不太大的情况，可分左右两个部分，两侧的滑道基本对称但略有差异，一侧的滑道在侧向对滚轮有导向作用，而另一侧的滑道在侧向对滚轮无导向作用，但滚轮在滑道上可作侧向微小位移，即有浮动功能，以适应因板件厚度偏差、加工误差等引起的柜体内部尺寸的误差。

▲ 滚轮式滑道

② 钢珠阻尼式滑道

钢珠阻尼滑道是滚轮式滑道的进阶版，是一种能达到静音、缓冲效果的滑轨。它依靠阻尼缓冲技术使得抽屉会在关闭的阶段的最后减慢速度，降低冲击力，形成关闭时的舒适效果。即使用力推抽屉也会轻柔关闭、保证移动的安静。其部件包括固定轨、中轨、活动轨、滚珠和缓冲器。

▲ 钢珠阻尼式滑道

③ 齿轮式滑道

齿轮式滑道主要分为隐藏式滑道、骑马抽滑道等，属于中高档的滑道，齿轮结构的运用能够让滑道非常顺滑和同步，同时还具备缓冲关闭或按压反弹开启功能，多用于中高档的家具上。价格比较高，是未来五金件使用的趋势。

▲ 齿轮式滑道

（2）柜门滑道

柜门滑道经常用在全屋定制家具的柜门处，根据滑道的位置可划分为凸槽滑道和凹槽滑道两种。

凸槽滑道的凸槽使用次数较多后，容易发生磨损，还容易出现移动不顺畅甚至跳轨的现象。因此凸槽滑道往往设计有防跳装置，以确保移门滑行时不脱轨。另外，考虑到凸轨的外形容易受到硬物碰撞而发生变形，所以凸槽滑道往往是采用实心设计。

凹槽滑道的凹槽狭长较小，容易积累灰尘，不容易清理。另外凹槽如果出现变形、缺损等问题，容易导致柜门拉动不便，因此，有的设计师会将滑道的凹槽设计得宽、浅一些，这样清洁起来会比较方便，但是很容易出现滑轨的情况。

▲ 凸槽滑道

▲ 凹槽滑道

柜门滑道的滑轮设计

消音防锈设计

滑轮座套采用高硬度尼龙纤维材质制作，强度高、耐磨，而且可以保证其与金属滚轮之间摩擦时不会产生响声。同时，它能有效减少空气对下横框和轮座金属件的侵蚀，防止生锈。

卡槽设计

滑轮座套带有下凹槽，同下横框紧密连接，有效避免了传统下横框容易变窄或变宽的弊端，使滑轮更加稳定，不跳轨，不摆动。

动力弹簧装置

普通的滑轮是钢片防震，抗疲劳性较差，容易老化。而动力弹簧可代替传统的钢片进行缓冲，弹簧不易疲劳，可以有效地减少门框在轨道中的震动，使柜门运行更加平稳。

定位设计

滑轮座套带有凸出的定位装置，用于连接竖框和专利滑轮，与卡槽设计相呼应，使滑轮、竖框和下横框三体合一，连接更牢固。

（3）试衣镜滑道

如今，全屋定制衣柜的结构更为复杂、科学、全面，其中的试衣镜部分已经不仅限于单纯的粘贴在柜板上，而是配备滑道，可以进行适当的扭动和伸缩运动，具有美观性、便携性。

▶ 试衣镜滑道

4. 位置保持五金配件

位置保持五金配件是定位活动部件的构件，通常属于较小的配件类产品，主要的类型有翻门吊杆、挂衣杆、背板扣、磁扣、吊码等。

（1）翻门吊杆

翻门吊杆一般用在翻板门上，使得门板可以绕水平轴转动开闭的门，也有支撑门板的作用。翻门吊杆有上翻门和下翻门两种。其中下翻门较为常用，因为它可以兼做临时台面，下翻时容易定位。而上翻门经常用于高位。

▲ 下翻门吊杆　　　　　　　　▲ 上翻门吊杆

（2）挂衣杆

挂衣杆是指在全屋定制家具中能挂取衣物的功能装置。衣柜高度的提高就涉及拿取衣服是否方便的问题。随着技术的发展，现在的全屋定制家具从原来的固定挂衣杆发展到可升降的挂衣架，能够更高效地利用空间，同时也方便拿取。

▲ 挂衣杆

（3）背板扣

家具背板扣主要是固定背板的五金件，用于连接背板和侧板，使柜体可以承受一定的重力，让家具更加牢固。背板扣的种类繁多，配合螺丝使用。

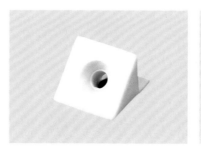

▲ 常见背板扣

（4）吊码

吊码是可以把吊柜挂在墙上的一个小五金配件，实现吊柜和墙体的连接，有调节高低的作用。目前市场上主要有明装 PVC 吊码和钢制隐形吊码，后者承重能力更强，更不容易老化。

▲ 明装吊码

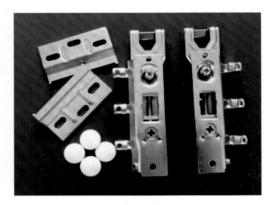

▲ 隐形吊码

（5）磁碰

磁碰经常被用在家具柜门，如衣柜、储物柜等，其作用原理是利用磁性，从而使得柜门与柜体的两部分相互吸引，起到牢固结合、锁紧的作用。

▶ 磁碰

5. 高度调节装置

高度调节装置主要用来调节和校正家具的水平和高度的位置，有调节脚、脚钉、脚垫等。

（1）调节脚

调节脚能起到调节家具高度的作用，通过定制不同长度的调节脚，可以得到合适的家具高度。此外，调节脚可以使家具在不平的地面也保持平稳。

▶ 调节脚

（2）脚钉、脚垫

脚钉、脚垫的体积较小，主要应用于家具的脚部，安装方式是直接打在家具脚上，起到防滑、静音、保持高度和防止家具磨损地板的作用。

▲ 脚钉

▲ 脚垫

6. 支撑件

支承件主要用于支撑家具部件，如层板支架、层板托、衣柜托等。

（1）层板支架

层板支架是较为常用的一种支撑件，用来固定单独的板材，价格较低。通常来说外露的层板支架应选用一些装饰性较高的。

▲ 层板支架

⚙ **层板支架的安装**

1 用隔板墙上定好打孔位置，并做好标记

2 用 10 号钻头在墙上打 35mm 深的孔（如操作不熟练可先用 8 号钻头打孔，以免孔打太大）

3 将整颗膨胀螺栓敲进墙里，露出部分

4 将螺母拧下

5 螺栓穿过支架，再把螺母拧紧即可

6 用自攻螺丝（16mm）固定连接支架和层板

（2）层板托

层板托一般是指柜体式家具中用于承托中间层板的小五金配件，多用于板式家具中，尤其是衣柜、橱柜、鞋柜、书柜等家具的分层中。其中一端固定于家具的侧壁或墙体，另外一端平行于地面，用来搁置木板或者玻璃层板，以隔开柜子的上下空间。

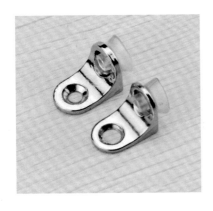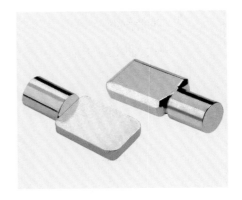

▲ 常见层板托

（3）衣柜托

衣柜托是衣柜里面常见的一个小零件，固定于板面上，用于支撑挂衣杆。

▲ 衣柜托

7. 锁具

全屋定制家具的锁具是指在柜门、抽屉等收纳类家具上的封闭装置，以保证其私密性。通常来说，锁具可以大致分为两种，分别是柜门锁、抽屉锁。

（1）柜门锁

柜门锁可以通用于单开门柜门和双开门柜门，其构造较和安装方式较为简单。在安装柜门锁时只需在门板面板上开直径 20 mm 的圆孔，用螺钉固定即可。

▲ 柜门锁

（2）抽屉锁

抽屉锁可细化为两种：独立抽屉锁和联动锁。独立抽屉锁较多用于家居空间中，联动锁主要用于办公空间中。

1 独立抽屉锁

独立抽屉锁是市面上最常见、运用最广的一种锁具，一个空间一把锁，锁头单独作用。按照锁舌的形状分为方舌锁和斜舌锁。

▲ 方舌锁　　　　　　　　　　▲ 斜舌锁

2 联动锁

在多组抽屉柜中，常采用联动锁系统，也称中心锁系统。它利用导轨上多个制动稍分别锁紧各个抽屉，而又只用一个锁头，一次锁多个抽屉。联动锁有两种安装方式：一是锁头在抽屉正面，导轨装在旁板上，即正面锁；二是锁头与导轨同时装在旁板上，即侧面锁。

▲ 联动锁

8. 拉手

拉手是安装在门或抽屉上，便于用手开关的木条或金属物等。拉手的形式也有很多，传统的拉手外露在柜体表面，容易勾到衣服或者碰伤人体，存在安全隐患。因此，现在很多拉手都做成暗拉手、隐藏拉手和旋转式拉手，既美观又安全。拉手的材质有很多，家具用的拉手主要是不锈钢、锌合金及铁合金、铝合金这几种，个别家具拉手还会使用皮革。

拉手在选配时必须注意家具的款式、功能和场所，一般来说，拉手与家具的关系大致有两种处理原则，要么 是醒目，要么是隐蔽。以使用功能为主的家具，其拉手应该具有隐蔽性，以不妨碍主人使用为妥。如食品装饰柜的拉手可以与其自身较为抢眼的格调相适应，选购具有光泽并与家具色泽有反差的双头式拉手。

▲ 各式拉手

9. 其他

（1）脚轮与滑轮

脚轮是个统称，包括活动脚轮和固定脚轮。活动脚轮也就我们所说的万向轮，它的结构允许 360° 旋转；固定脚轮也叫定向脚轮，没有旋转结构，不能转动。通常，这两种脚轮是搭配使用的。

　　滑轮是一个周边有槽，能够绕轴转动的小轮，经常用在可移动式家具中，如移动式抽屉柜、餐边柜等。

▲ 脚轮

▲ 滑轮

（2）人体感应灯挂衣杆

　　人体感应灯挂衣杆一般是充电锂电池供电，连续时间为 2~5 个月，其工作原理是通过人体感应设备来实现灯的开启和关闭，有效避免了能源浪费，而且安装简便。人体感应灯挂衣杆既可对衣柜的整体照明起主导作用，又可局部采光烘托气氛。LED 光源，散热量低，适用于储物柜、书架、衣柜和橱柜等小空间局部照明。

▲ 人体感应灯挂衣杆

（3）旋转衣架

　　旋转衣架能最大限度的利用衣柜转角空间，可 360° 独立旋转。

（4）挂钩

　　挂钩用于悬挂物体，可以钉在墙上或者柜板上。样式小巧方便、种类繁多，选择时一般与家具风格搭配。

▲ 旋转衣架

▲ 挂钩

6.2 安装环节

6.2.1 安装人员工作制度

1 　　主管下达安装任务，充分做好货品的清点以及安装工具的准备工作，避免出现到达现场后因遗漏而影响了工作的开展。每日正常订单安装，必须在当天内安装完工，除因设计问题或客户问题外，不得以任何借口或理由拖延安装完工的时间。

2 　　客户在安装人员提货到家时，应要求安装人员现场开箱，检查家具是否有磕碰或有划伤等问题；区分责任方。

3 　　回答客户问题时，要注意表达的方式和策略，不能因个人言语不慎而造成对公司利益的损失或对品牌的影响。如果因设计或客户自身问题导致安装不能当天完工，临走前必须明确承诺给客户再次上门服务的时间，并且由原安装人员跟进。

4 　　安装过程中，如果出现因产品质量或生产问题造成的安装工作受阻，必须及时与售后主管人员联络，以寻求最快解决问题的办法。

5 　　因设计差错导致现场安装受阻时，应在第一时间通知有关设计人员到达现场解决问题，并且及时反映给售后主管，以便合理安排工期。

6 　　当客户有疑问或提出修改意见时，要有礼貌和耐心，首先应利用专业的知识进行讲解，涉及产品修改时，必须要经客户或设计人员确认。

6.2.2 安装工具

名称	例图	作用
铅笔		用于现场安装定位画线
细芯水彩笔		主要用于对无法使用铅笔的瓷片或金属表面的画线定位
卷尺		用于现场操作时的测量
角尺		用于现场画直角线段，以及柜体现场改孔时画直角线用
水平尺		用于地柜或吊柜安装时，对于柜体水平调整，以及拉篮抽屉等五金配件安装时的水平调节
螺丝刀		用于在现场安装时紧固螺丝或调节抽屉拉篮的导轨、门板拉手及铰链
裁纸刀		用于现场裁切小件材料（如防撞毛条）或削铅笔等
充电螺丝刀		用来开螺丝孔、拉手孔、改柜子结构孔位、连接柜子螺丝等

名称	例图	作用
冲击钻		柜体需要挂墙时，用来开挂件膨胀条孔、入墙螺丝孔等
开孔器		用来开通线盒、插座孔、背板插座孔等用途等
曲线锯		用于现场柜体开孔，以及收口、踢脚线、顶线的裁切，以及柜体孔位开孔
玻璃胶枪		用于现场的台面板靠墙及侧收口或顶底板位置同墙体之间的密封，以及下垫板与地面连接

注意事项

1. 电动工具在使用后，不能让胶水或一些高浓度的清洁溶剂粘附在工具的表面。应做到及时清洁与整理，经常采用气枪吹走工具的散热罩的灰尘。

2. 手动工具要经常检查，特别是精度要求较高的如卷尺、角尺及水平尺等度量工具，应经常校正，避免因工具的误差而导致出现制作错误。

6.2.3 安装操作步骤

01 现场核对

货品到达安装现场后，不要马上分拆外包装，应先按照出货清单所注明包数清点、核对货品；再将货品整齐堆放于边角位置。

如果有玻璃制品或者是塑料制品，务必检查是否有破碎或者是变形等。

在安装之前，一定和业主进行验收对接，确保家具部件完好无缺。

02 现场清理

对空间进行整理并清洁，空出组装和安装家具的场地，将保护毯或大块纸板铺于组装家具的地面上，清点好家具组装需用的配件及工具，充分做好安装前的各项准备工作。

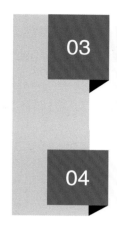

03　货品分类

　　对照安装图纸和配货清单，对堆放的货品进行清点分类，必要时打开包装纸箱和保护膜进行货品分类。书桌或电脑桌台面及床组在安装前尽量靠墙侧立放置，以防折断，并将保护膜垫放于墙体与家具部件之间，以保护墙体不被搞脏或刮花。

　　五金配件应尽量集中于角落位置摆放，避免安装过程中配件遗失。

04　位置摆放

　　根据图纸，在相应的位置进行家具安装或者安装后将家具摆放到相应的位置。

6.2.4　安装操作规范

　　1）拆包装前应将物品平稳地放在无尖锐突起、无杂物、平整稳固的平面上。

　　2）拆牛皮纸箱或外包装时，应用刀片沿着包装材料接口处轻轻划开封口纸；拆开气珠膜等软性包装材料时，刀具刃口的运动方向应取远离包装内物品的方向，严禁将刀具插入包装材料内割开包装，以避免在拆包装的过程中损伤包装内的物品。

　　3）拆开包装后，先检查包装内有没有玻璃类或容易滑动的部件，然后须谨慎地逐一拿出部件，以备安装。

　　4）安装作业前，要充分利用包装材料铺垫安装现场，以保护客户现场物品免受损伤。

　　5）安装前，根据安装说明图确认产品各部件安装顺序，对照检查产品部件、配件等是否齐全及有无明显质量缺陷。

　　6）安装时，配载配件必须完备，禁止省略；多余的配件应收集、整理好带回商场保管好，禁止留在安装现场或随意丢弃。

　　7）配件中备有乳胶时，木榫孔必须填满乳胶。

　　8）拆除已安装的部件，如有螺纹类配件，应谨慎旋出，严禁强力拉出。

　　9）一般来说，应该先安装框架，后安装抽屉等活动组合件；框架安装则应依据"先下后上、先内后外、先前再后"的原则。

　　10）连接大型家具的框架时，连接位置的螺栓应在整个框架完全组装起来以前预留适当的活动余地，先不要将扣件、螺丝等拧得太紧，待整个框架完全组装起来并经过调整偏差后再彻底拧紧。

　　11）安装玻璃门的门铰链，禁止用电钻紧固螺丝，应手工拧紧螺丝，以防玻璃在过大的压力下开裂。螺丝的紧固以玻璃门不松动为宜，不宜过紧。

　　12）安装过程中，如果需要踩踏在部件上进行安装时，应赤脚踩踏。严禁将尖锐工具放在正在装配的部件或已组装好的家具上。严禁以尖锐硬质物体击打家具部件。

　　13）钉背板时，钉子应稍偏向要钉入的板件的内侧。若家具部件需要钻孔，在钻孔前必须用标尺精确测量钻孔的位置，以防孔位出现偏差，而且在钻孔时，要在钻头钻出的一侧用平整的木板衬垫，以防造成表面爆裂。

　　14）产品安装完毕后，应对缝隙、对称性等进行最后的调整，以求安装质量最高。

　　15）抬动已安装好的家具时，必须托住底板抬起，禁止仅持顶板或层板抬动。

7

CHAPTER

第 7 章
验收及售后环节

验收标准：门板收口柜体配件清洁

售后服务要求

7.1 验收标准

7.1.1 框架验收标准

1）整体外形左右对称，各部位之间连接协调、和顺，框架牢固。

2）整体颜色搭配协调，无色差。

7.1.2 门板验收标准

1）趟门上下高度保持同一水平，推拉顺畅、自然平稳、无异常声音，上下导轨定位准确且与顶部、侧板边缘对齐，靠侧板处无明显缝位。

2）门板安装稳固，开启灵活顺畅，旋转触感无折断与响声。拉手与铰链开孔位置崩口现象。

3）门板与阻尼器接触自然，关上门板与阻尼器接触时，有平稳收缩性。

4）拉手安装工整对称，整体门板线条平直。门板之间的缝隙，左右方向小于 2mm，上下方向小于 3mm。

5）门板、抽屉面的表面无刮花擦伤现象，整体门板、抽屉面无明显的色差。

7.1.3 抽屉验收标准

1）抽屉与两侧板的缝隙必须相等，不可出现抽屉偏向一边的现象。

2）组装完成后，要从产品外表的正侧两面观看，抽屉的线、面必须横平竖直，能形成垂直的延长线。

7.1.4 收口验收标准

1）收口板件的裁切尺寸要精确，裁切后的边缘与墙体之间的间隙要紧密且上下一致。

2）收口板件裁切后的边缘要细腻，无明显的崩口或弧线。打玻璃胶，胶水痕迹要宽窄一致。

7.1.5 柜体验收标准

1）柜体组装的配件要连接到位，柜体结构牢固，背板与柜体插槽之间衔接紧密，组装后柜体正面的基准面误差小于 0.2mm（横向面积小于竖向面）。

2）下柜侧板组装要牢固紧密，上柜与下柜之间基准面一致，整组柜体高度应在同一水平线上。

3）表面打磨光滑平整，无波浪凹坑，无磕碰划伤。无颗粒，灰尘，桔皮，雾光，漆膜均匀，无堆积。无明显色差，色团，砂穿漏底。

4）棱、角、边要求无磕碰、划伤、漆流挂、砂穿。棱角分明，线型顺直流畅，宽窄、深浅一致，颜色无混染。

7.1.6 　配件验收标准

1）铰链安装时螺丝帽不能突出或歪斜，同一件门板上两个以上的铰链的底座或铰杯垂直度必须在一条直线上。

2）导轨安装时螺丝帽不能突出或歪斜，左右导轨安装与柜体正面进深一致，且在同一水平线上；抽屉或拉篮、裤架、格子架、旋转收缩镜在抽拉时顺滑自然，手感无明显阻滞现象，来回出入无异常声响。

3）挂件、衣通、领带夹安装，所在安装位置应尊重客户使用习惯，安装后要稳固安全，左右平衡，在同一水平线上。

7.1.7 　清洁验收标准

1）柜体内部清洁，不得遗留任何安装的工具、小配件或螺丝，不能留有安装画线的痕迹，不能有胶痕或灰尘。

2）门板及台面的表面光洁，无生产或安装过程中的画线或污垢，表面无胶水痕迹或杂质。

3）抽屉部位的清洁，应注意抽屉导轨部位不得留有碎屑或灰尘，抽屉内部和底部无明显的施工痕迹或灰尘。

4）所有五金配件的表面无灰尘、手印，及螺丝突出的现象。

5）所有产品安装完工后，地面或墙面不得留有任何工作垃圾和杂物。

7.2　售后服务

全屋定制家具企业完善的售后体系是其在行业中立于不败之地的关键，是树立良好品牌、挖掘发展潜力的重要途径。售后服务的用心可以为企业或者经销商传播良好的口碑，增加回头客，使得产业发展能够良性循环。通常来说，良好的售后服务具备以下几个特征。

1）提供合理的保修期。家具是一种需要在使用一段时间之后才能发现其不足的商品，因而企业需要核算最佳的保修时间，过长或者过短都不利于自身有效发展。

2）快速、优质的服务。如果家具在保修期期间出现问题，公司需要尽快安排维修人员上门进行服务，建立快速的反应机制。

3）定期跟踪、维护。全屋定制家具企业应该对产品进行跟踪回访，掌握更多的产品发展特性，对产品进行优化。针对老化的家具产品在保修期外进行有偿翻新。

4）拓展附加服务。附加服务的类型可以有清洁项目、展览项目等，其主要目的是增加消费者对企业的好感。

附：

验收清单示例

客户		交货时间			
详细地址		设计师			
货物验收汇总		外观		包装	备注
板材是否完好：是（　）否（　） 五金是否完好：是（　）否（　） 漆面是否完好：是（　）否（　） 安装是否完好：是（　）否（　） 卫生是否打扫好：是（　）否（　）					
验收项目	验收标准				
板材基层、填充	1.采用德国榉木或欧洲红榉，木方木架采用实木。 2.E0或E1级实木多层板材，胡桃木饰面。 3.基层内海绵、鹅绒、多密度三明治环保、三维丝填充。				
五金	1.采用304不锈钢；内部看不见的金属件都做防锈处理（烤漆或电镀硬度达到1.5HB）。颜色根据设计师来定。 2.轨道使用"百隆"BLUM，柜脚或沙发脚采用30mm×30mm、50mm×50mm的方管制作。电镀部分应在金属表面擦防锈油。 3.抽屉滑轨寿命≥20000次，门铰链寿命≥20000次，抽屉滑轨寿命≥20000次。 4.转盘、底盘和脚轮整体承重能力：承重150kg，静止存放24h无开裂和严重变形，仍然可以正常使用。				
漆面	1.封闭油漆和木皮开放油漆颜色正确，按订单要求区分亮光和亚光。 2.开放油漆产品A面（组装后的表面和容易看到的面）木皮光滑平整，纹路顺直平顺，保持原木的完整性；无开裂、缺损、缺边、脱胶、飞边、死黑节、发霉、异色条纹和压痕等不良现象。 3.开放油漆产品开放效果好，木纹内无杂物和脏污现象；边缘和拼接处允许有轻微无色差的木皮修补痕迹（修补长度≤5mm，宽度≤2mm）。 4.封闭油漆产品的A面（组装后的表面和容易看到的面）油漆光滑平整，流平效果好，无掉漆、开裂、崩边、碰伤、划伤、透胶、起泡、起皱、桔皮、发白、雾光、露白、流油、污迹、杂渣和修补痕迹等不良现象。 5.封闭油漆产品的B面（组装后的背面和不常见的面）允许有轻微的尘点、雾光、发白、划痕和轻微修补痕迹等轻微不良现象；C面（组装后看不到的面）允许存在不影响产品装配和性能的外观缺陷。 6.油漆使用环保大宝油漆底、面漆。				
安装	1.均匀承重450N，静止存放12h，层板无脱落，变形度≤2mm。 2.均匀吊重450N，静止存放12h，挂衣杆无断裂和脱落，变形度3mm。 3.台面中间垂直载荷1250N，每次保持10s，重复10次，产品无损坏，结构无松脱，功能正常；允许产生2mm的变形。 4.水平载荷450N，每次保持10s，重复10次，产品无损坏，结构无松脱，功能正常；允许产生2mm的变形。 5.大理石面厚度及见光面按设计师要求制作。				
包装	1装纸箱产品王字形封箱，按图纸或客户要求打带固定。 2.大件或整件产品应用珍珠棉包装表面重物或有尖锐边角的零部件应用厚珍珠棉包装两到三层或用海绵包装。 3.装配用的垫片螺丝类小件应统一装在包装袋内，包装袋应统一放在纸箱的同一部位并用胶纸或珍珠棉固定；其余部件应先用薄珍珠棉单包装，再用塑料袋或厚珍珠棉或气泡袋进行包装。				
外观	表面洁净、颜色均匀、无划伤。封边带流畅、顺滑、无划伤、结构严密。				
门板	铰链坚固到位，门板平齐；除特殊造型门板外间隙均匀；把手安装到位无歪斜现象。				
功能柜体	功能配件齐全，质量完好，安装到位，抽拉转动灵活无阻带现象。				
客户签字： 日期：				厂商签字： 日期：	

以上为某公司提供的定制家具验收清单。

典雅尊贵的
中式大宅别墅设计

主案设计：刘中辉
执行设计：平一 陈源
项目名称：财富公馆

／ 设计师简介 ／

／ 平面图 ／

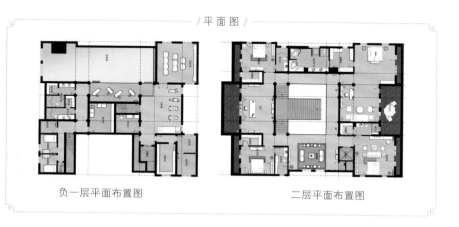

负一层平面布置图 　　　　二层平面布置图

案例简述： 本次**中式大宅别墅设计**，设计师将经典的东方元素融于当代的设计手法中，用现代的材料营造东方古韵，用现代的设计思路处理每一个中式元素与符号，用现代的设计语言来表达对一种文化的理解与感受；并通过对中式设计的不断探索、挖掘，在不经意间将东方美学贯彻，美得不露痕迹，却又沁人心脾。

设计师简介： 刘中辉，国际知名设计师，四合院设计院创办人。自2001年从业至今，获得"中国十大设计师""IFI国际室内建筑师/设计师联盟会员"等多项行业荣誉。作为中国室内中式设计第一人，以扎实的设计功底和多年沉淀对古典文化的造诣，打造出众多卓尔不群的优秀作品，如《九州书院》、财富公馆》等。

前厅

保持中式美学的精髓，构筑自然、沉稳的家居氛围，大气持重的色彩运用调配出沉静、温和的居家气象。安排合宜的中式元素，呈现厚实的东方文化气质。

客厅

以华贵的中国风搭配时尚的简约风，形成一种融合之妙。在块面结合的空间里，简单的线条便勾勒出空间意趣韵味，简练、精致。

楼道

开阔与通透成就不可多得的空间美感，现代中式静谧而大气的氛围，利落的手法，创造出强烈的视觉震撼。大胆的设计、果敢的手法，缔造出幽雅华丽的空间氛围。

餐厅

空间以深色作基调，奠定冷静沉稳的气氛。表面看似平淡，内里却溢出不俗个性。安静的意境，为空间注入东方气息的同时，也表露出高雅的人文品味。

茶室

色彩搭配统一中有对比，效果丰盈却不显杂乱。构平衡、协调，精确的调配达到生动的视觉效果。

会客区

空间的造型规划富有参差感和结构美，装饰木梁架构大气华美，搭配整体中式感觉，诠释出一种别致的现代中式美感。

办公室

空间以优雅、朴素、柔和的色彩以及精美造型达到沁入人心的温暖意味。

书房

空间含蓄与洒脱并存，同时追求简练、明快。简即繁，繁即是简。恰到好处的少，能表现得含义丰富而毫无章法的多，反则内容乏善可陈。

影音室

运用现代手法和材质还原古典气息，使空间具备古典与现代的双重审美效果。完美的结合让人们在享受物质文明的同时得到精神上的慰藉。

泳池

用简洁现代的中式装饰来体现一种诗意的东方古典感觉，既符合现代人的审美，又体现中式的稳重之美。

卧室

古典与现代相碰撞，形成一种耳目一新的设计语汇。彩上深浅对比，衬托出空间高雅、尊贵又时尚的乔气质。陈设上则充满奇趣的巧思，增添空间写意情趣

极具美感
精致淡雅的
中式别墅设计

主案设计：刘中辉

执行设计：平一 王灏 陈源

项目名称：曲阜别墅

/ 平面图 /

一层平面布置图

二层平面布置图

三层平面布置图

案例简述： 本案延续对当代东方生活形态与时代形式的探索，将东方空间精神注入现代户型中，用以摹划出当代华人的独有生活样貌。同时空间装修古朴、精致、淡雅，带给人别具一格的古韵体验，令疲于都市生活的人们于自然静谧间舒展身心，体验自在而充满智慧的家居生活方式。

一层门厅

月亮门、博古架、罗汉松盆景、井格式吊顶等中式文化符号经过现代设计的改良和创新，呈现出更接地气的非凡气度。

一层老人房 整体空间运用低调而洗练的古典语汇，搭配内敛质感的材质与沉稳优雅的色调，塑造空间大气感。

二层客厅

客厅设计重点强调空间与人的紧密依存关系，以中华文化的尊贵与大气为出发点，结合超高挑空，通过藻井天棚、大宫灯、山水壁画等元素，让华夏历史的岁月痕迹刻印空间。

二层主卧

大气的藻井吊顶、精致的实木家具、考究的软装饰品将对生活美学的诠释，回归到家居文化的价值中。

二层餐厅

餐厅设计内敛宁静，丰富的细节与精致的家具，彰显设计师对品质生活的一丝不苟。

二层主卫

一面清雅而中式韵味浓郁的马赛克拼花背景墙，成为空间中的吸睛之作。

三层楼梯间

家具线条简洁，细节丰富，且材质高档达到形式和内容的统一，功能与美感完美结合。

三层活动室

简洁、优雅的茶室设计，给生活更添一分悠然、雅致的意境之美。

庭院

利用庭院组织空间，中式别墅装修在继承传统建筑的同时，追求"宁静致远"的精神，打造最适宜居住空间的院落。